高等院校素质教育课程"十三五"规划教材

创业实训

技术应用

张立艳 主编

人民邮电出版社

北京

图书在版编目（ＣＩＰ）数据

创业实训技术应用 / 张立艳主编. -- 北京：人民
邮电出版社，2016.10
高等院校素质教育课程"十三五"规划教材
ISBN 978-7-115-43215-5

Ⅰ．①创… Ⅱ．①张… Ⅲ．①创业－高等学校－教材
Ⅳ．①F241.4

中国版本图书馆CIP数据核字(2016)第177701号

内 容 提 要

创业实训技术包括《创业实训教程》《创业实训案例卡》及《创业实训技术应用》三个组成部分。《创业实训教程》讲述创业过程的 0-1-2 关键知识点及逻辑关系；《创业实训案例卡》以扑克牌的形式表现；《创业实训技术应用》与《创业实训教程》配合使用，主要介绍与指导如何进行创业基础课程教学，对创业教师组织教学及学生创业训练进行规范与提出建议，并提供记录学生创业实训情况及创业计划书模板等工具。

本书可作为高等院校财会、市场营销、物流管理、企业管理、国际贸易等经管类专业的教学用书，也可供从事创业教育相关工作的人员参考与学习之用。

◆ 主　编　张立艳
　责任编辑　张孟玮
　责任印制　沈　蓉　彭志环

◆ 人民邮电出版社出版发行　　北京市丰台区成寿寺路 11 号
　邮编　100164　　电子邮件　315@ptpress.com.cn
　网址　http://www.ptpress.com.cn

印张：4.75　　　　　　　　2016 年 10 月第 1 版
字数：76 千字　　　　　　2016 年 10 月北京第 1 次印刷

定价：18.00 元

读者服务热线：(010)81055256　印装质量热线：(010)81055316
反盗版热线：(010)81055315

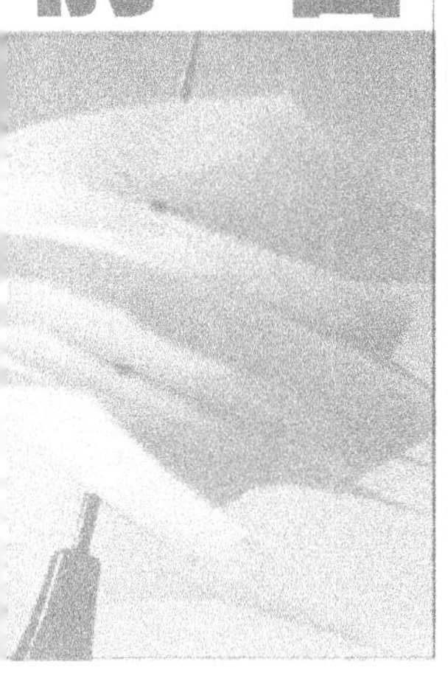

为配合国家"大众创业、万众创新"的发展战略，自 2012 年起，教育部陆续发文要求各高校面向全体学生开设"创业基础"必修课。鉴于面向全体学生的创业课程是一个全新的事物，教学内容、体系、方法等均需探索，加之优秀教师匮乏等原因，创业课程举步维艰。

高等教育创新创业改革的核心与基础是教学，教学的核心在教师。为了使教育部倡导的"创业基础"教学落到实处，方便创业课程教师组织教学，天津财经大学创新与创业研究中心与天津市创业服务指导中心联合研发了创业实训技术。该技术从应用角度出发，着力于弥补创业师资理论知识不完整、不融合的缺陷与创业实践经验的不足，对创业教师如何组织教学及与课堂教学配套的学生创业训练进行规范并提出建议，同时提供记录学生创业实训情况及创业计划书模板等工具。

本书主编张立艳教授自 20 世纪 90 年代末开始，深入研究创新创业理论，组织并且从事创业课程教学，并从中体会如何改进教学。张立艳教授带领学生创业，细致观察学生的创新创业行为，同时不断尝试将课程中创业训练与社会实践对接，注重理论与实践相结合，在提升学生创业能力的同时也为社会创造了价值。此外，张立艳教授承担学校众创空间的管理工作，多次担任创新创业大赛的评委并参与各种创新创业平台的评审工作，在 20 余个国家讲学、考察和研修。

本书作为创业实训技术的有机组成部分，针对教学方法、教学模块、教师的作用、课程考核、关键知识点的讲解等进行了具体、详细的说明，使用表格等形式方便教师设计、组织教学。本书还就课堂中容易出现问题的教学内容部分提出了教学方法建议。

　　本书由张立艳主编，参编人员包括：李战强、孙春华、郭靖、张俊艳、王饶、解卫卫、牛磊、刘涛。在本书的研发过程中，感谢天津市人力资源和社会保障局、天津市创业服务指导中心的领导与老师们的指导和支持；感谢天津财经大学的创业教师根据上课进程就如何改进教学提出的意见和建议；特别感谢全程参与课程教学的学生的意见反馈。

　　"创业基础"课程教学任重而道远，欢迎社会各界人士对本套技术资源的使用和改进提出宝贵意见。

编者

2016 年 6 月 10 日

目 录 Contents

第一章　概述

第二章　创业实训案例卡

第三章　创业训练记录

第四章　创业计划书

第一章 概述

一、创业实训技术简介

高校的创新创业教育改革主要通过以下几个方面进行：一是调整课程设置、改革教学方法；二是组织创新创业大赛、建设众创空间等平台；三是开设创业基础课。

创业基础课的开设可以使用创业实训技术，该技术由天津财经大学创新与创业研究中心与天津市创业服务指导中心共同研发。在使用本技术时，需兼顾创业实训作为一门课程的理论知识的完整性与创业训练的实操性。

创业实训技术包括三部分的内容。

（一）一本教科书《创业实训教程》

《创业实训教程》包含了创业相关的关键知识点及其逻辑关系（见图1.1）。该教材每一章的写作都从满足创业者需求的视角出发，而非从某一特定部门的需求出发，侧重实用性。下面举例解释《创业实训教程》的写作逻辑。

【实例一】　《创业企业市场营销》一章的写作逻辑。

第一步，确定目标顾客群。

确定目标顾客群的过程可采用STP分析法。首先进行市场细分（Segmenting），在市场细分的基础上选择该产品要进入的目标市场（Targeting），随后对所进入的目标市场进行产品的市场定位（Positioning）。

第二步，制订市场营销计划。

市场营销组合最直接的表现是4Ps，即产品（Product）、价格（Price）、渠道（Place）和促销方式（Promotion）。

第三步，执行市场营销方案。

市场营销方案的执行可借助于制度、流程、表格等一系列工具进行。

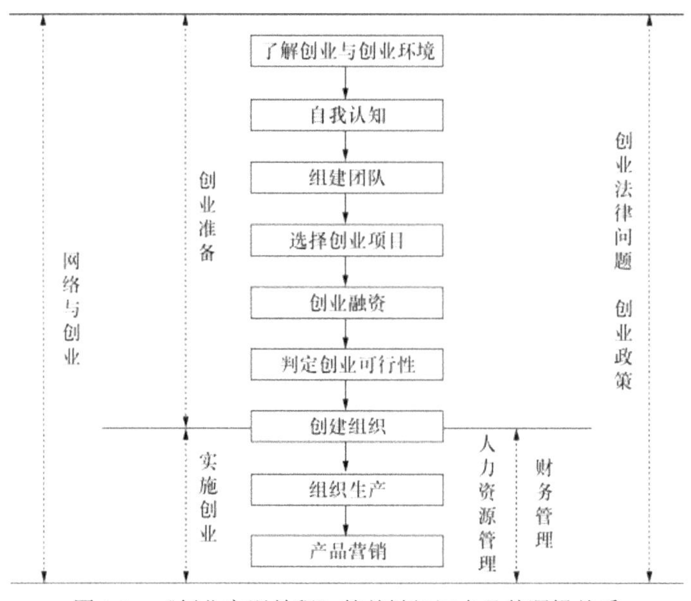

图 1.1　《创业实训教程》的关键知识点及其逻辑关系

【实例二】　《创业企业财务管理》一章的写作逻辑。

根据是否进行规范的账务处理，将创业组织分为个体工商户和公司两种形式，分别讲述其如何进行财务处理。

（1）引入一个完整的案例详细解读财务管理的关键概念。

（2）讲解个体工商户的账务处理。

个体工商户尽管可以不必按照会计法规定进行复杂的会计处理，但是在经营过程中创业者应有意识地区分经营收入和家庭开支。通过建立现金、银行存款日记账，配合使用简单的财务软件记录每日经营业务明细，对经营收支进行账务处理。本部分内容讲述个体工商户为什么要进行账务处理，并以"管家婆"软件的使用为例讲解如何进行账务处理。

（3）创建公司的账务处理。

创业者如果创建公司，需要组建财务部门或委托会计代理机构进行账务处理，编制财务报表。本部分内容重点讲述资产负债表、利润表和现金流量表这三张重要的财务报表的编制，以及如何根据报表的关键数据解读企业的财务状况。

（4）企业财务管理的流程与制度。

（二）一套《创业实训案例卡》

《创业实训案例卡》的研发主要为弥补创业课程教师实践经验的不足，开阔学生视野。案例卡涉及的创业案例，一部分为天津财经大学学生创业团队创业过程中实际发生的事情，一部分为报纸、期刊、电视节目、创业网站上的二手创业案例。

在仔细阅读分析了数百个创业案例后，我们发现这些案例集中于创业者与创业团队、创业技巧、创业项目选择、创业中的法律问题、创业企业管理五部分内容。为便于创业课教师指导教学，我们将案例的关键内容简化，写在扑克牌上。创业案例卡扑克牌一共六副，其中创业管理内容较多，占两副扑克牌。

（三）一本参考书《创业实训技术应用》

本书对创业教师如何组织教学及学生创业训练进行规范并提出建议，同时提供记录学生创业实训情况及创业计划书模板等工具。《创业实训技术应用》既可以用作教师的教学参考书，也可以用作学生参考用书。

二、创业实训技术特点

（一）课堂教学配合训练项目

以天津财经大学为例，每年约有 3400 名学生参加创业基础必修课的学习。与课堂教学相伴，学生要开展 400 余个创业训练项目，部分项目参见"天津财经思达众创空间"公众微信号。这些项目学生可以自主选择，也可以与企业、政府项目对接，将企业、政府的难题拆解成若干主题进行。这种方式有三个优势：一是学生的聪明才智被引导服务于社会；二是学生的思考与实践的合理性将接受社会的检验；三是在创业课教学中，学生可以获得有针对性的创业辅导。

（二）教程中的知识点覆盖创业 0-1-2 的全过程

《创业实训教程》覆盖了创业准备和实施创业的 0-1 和 1-2 的全过程，包括创业团队组建与维系、创业项目的产生与选择、创业融资、创建创业组织、创业管理（营销管理、财务管理、人力资源管理、生产管理）等关键知识点。该教程还涉及贯穿全创业链的法律问题、网络技术及其应用、创业政策等。

（三）案例卡涵盖实际创业中的主要问题

案例卡基于对大量实际发生的创业故事的解析而形成，涵盖了现实创业世界中经常发生的主要问题，包括创业技巧、创业中的法律问题、创业者与创业团队、创业项目选择、创业管理。

创业案例卡帮助学生了解创业中的困难和陷阱，学习他人的创业技巧。

（四）教材写作视角为创业者

创业者的视角与就业者不同，创业者侧重战略管理、就业者侧重操作；创业者具有全局观念，就业者多考虑部门利益；创业者需要掌握全面的知识，就业者要熟练掌握某一专业知识。由此可见，创业者与就业者在考虑问题的角度、所需要知识及对关键知识的把握程度方面存在差异。

《创业实训教程》的写作出发点是创业者，非一般意义上的某一岗位的就业者。

三、开设课程的目的与意义

（一）训练学生创新性思维与行动方法

本课程通过简单实用但很容易被忽略的工作方法的训练，提升学生的创造性、规范性思维与行动能力。例如，如何使用"罗伯特议事规则"[1]组织会议，如何通过批判性思考学习改进工作，开展简单易行的市场调查等。

理论讲授注重关键知识点，以及知识点之间的逻辑关系，实践应用提示学生采取简单

---

[1] 罗伯特议事规则主要包括6个步骤，1. 动议。即"行动的建议"，先想怎么做，再决定做不做。2. 附议：只要有一个人附议，则该议题就进入议程，从而达到保护少数人声音的目的。3. 陈述议题：先解决当下最紧要的议题，避免"然后"之类的事情。4. 辩论：辩论时应文明表达、不跑题、限时限次、不得打断别人的正常发言、面向主持人发言等。5. 表决：在做表决时，如果议题是针对人，建议投票时使用无记名方式，如果是针对事，建议举手表决。6. 宣布结果。

易行的方法。例如，分析判定项目可行性时有各种工具，这些工具适合于正规的大公司，或者适用于给企业做咨询时使用，初级创业者很难掌握。鉴于此，在讲授这部分内容时，可建议学生采取最简单的方法，如咨询他人等。

（二）系统学习创业知识

在倡导"大众创业、万众创新"的形势下，创业已经成为一种就业形式。一个社会运行的主力军是占企业总数 90%以上的小微企业，小微企业成长的关键是创业者。创业实训技术帮助"创业者"这一岗位的人员掌握系统的创业知识。

（三）锻炼就业与创业能力

创业实训是大学生在校期间进行就业能力锻炼、提升综合素质的好方法。创业实训将训练学生作为一个组织的领导者所需的全局思维能力、关键岗位工作技巧与技能。通过课堂学习及与之配套的课下训练，激发学生的创业热情、训练学生的就业能力、提升学生的创业意识，为未来可能的创业行为做好准备。

四、教师的角色

（1）教师的角色是引导、组织教学，弱化传授知识。

（2）创业教育是教学相长，教学中切忌盲目解答学生的提问。

（3）教师要传授方法、提供解决问题的思路。

（4）教师要引导学生全局思维、逆向思维（创新）、行动意识，训练学生学会如何学习，诱发其创新创业思维与行为。

五、教学方法

创业课教学中最大的挑战来自师资，原因之一是绝大多数教师没有创业经验，之二是创业具有很强的环境依赖性和路径依赖性，教师不可能清晰创业的全部信息。因此创业教师除了明确自己的角色定位外，还需采用恰当的教学方法。

（一）创业训练

与课堂教学相伴，学生组成创业团队根据课程进度开展真实的创业训练，这不仅可以训练学生的学习方法，而且还可以将理论与实践有机结合，用理论指导实践、以实践验证理论。

训练项目的选择一是来自校企、学校和政府的项目对接，二是学生自发形成的项目。每次创业训练后的下一周，在课堂教学环节均安排团队将创业训练过程和体会与其他同学分享，培养学生们互相学习、自我学习的能力。

创业训练项目可以多种多样。例如，常见的销售训练，不仅可以在项目选择、定价、渠道选择、产品营销、财务管理、网上销售、团队维系等与创业相关的方方面面开展，还可以进行沟通能力、领导力、吃苦耐劳精神、承受挫折能力等方面的训练。

天津财经大学的教学实践表明，创业训练是引导创业基础课教学顺利开展的行之有效的好方法。

（二）案例卡教学

教师可根据教学进度、学生的专业背景、自身的实践积累等，选择不同主题采用案例卡教学。

（三）调研、参观

参观创业企业，请创业者现场教学，也可以调研附近的小商铺、小市场。例如，调研学校周边一千米范围之内的业态，了解普通创业者的生存方式，学习他们的创业经验。

可以邀请创业者，特别是本校的大学生创业者、本班有创业行为的学生、前期开展创业训练的团队讲授其创业经历，或者是创业中经历的特定问题，让创业者与学生展开互动。

创业中有很多地方需要和政府机构打交道，例如，政府关于大学生创业的支持政策、设立创业组织、贷款、缴税等一系列问题。为了让学生获得最新的知识，可以邀请从事实际工作的政府及相关机构人员进行讲座。

（四）场外连线

场外连线可以弥补创业教师无法成为"万能人才"的缺陷。创业中实际知识量、信息量很大，对于很多问题，教师很难给出正确答案。解决方案之一就是将有关问题集中起来，向专业人士寻求答案，再反馈给学生；方案之二是引导学生向书本、向网络、向其他教师、向有经验的人士、向创业者寻求答案；方案之三是引导学生通过实践训练自己获得答案。

六、课程模块构成

课程教学以小班、团队形式进行，每班不超过 50 人，每个团队 5～6 人。

建议每个模块选择 2 名同学观察并记录教学进程，同时进行总结，将照片做成 PPT 转发给全班同学。

课程模块构成可根据学校具体情况、学生的专业背景、创业训练项目的来源等做适当调整。表 1.1 所示为创业实训课程各构成模块的建议稿，每个模块 4 课时。

表 1.1 "创业实训"课程模块构成

模块	名称	内容与时间安排	备注
模块一	组建团队与选择训练项目	1. 课程简介：开课意义、课程目的、教学内容、教学安排、教学方法、课程考核等 2. 创业政策解读（强调已经落地的政策解读） 3. 创业概述：创业释义与创业特征、创业类型、创业过程（自学） 4. 破冰，可就"你的创新创业经历""你的人生梦想""你的特长"等问题全班同学轮流分享 5. 根据破冰情况，将志趣相投的同学组成一组，其他同学单独组队或加入其他团队 6. 展示优秀创业训练项目 7. 确定训练项目、选出总经理、确定队名、Logo 等，制订训练计划 8. 布置课后训练：寻找至少 3 个与之类似的项目；至少使用 3 种方法进行市场调查，判定项目可行性	1. 创业训练可根据实际情况选择项目，或者通过校企结合、学校与政府项目对接等方式确定 2. 向学生讲清楚政策出台与实施的时间滞后性及其原因 3. 重点讨论创业过程及其要素

续表

模块	名称	内容与时间安排	备注
模块二	团队建议问题和创业中的法律问题	1. 创业训练分享 2. 创业中的法律问题（案例卡阅读与讨论） 3. 团队维系训练（通过演出小短剧等形式让学生深刻体会团队维系的基本原则） 4. 用思维导图、微信 H5 页面、图表等形式绘制出训练项目行动路径 5. 布置课后训练：制作项目微信宣传页	团队维系中的关键问题包括：利益分配机制、团队分工与合作机制、需要调整的心态、沟通机制和团队文化建设
模块三	发现与选择创业项目、组建创业组织	1. 创业训练分享 2. 教师以与大学生相关主题为例，让学生理解捕捉创业机会的过程 3. 学习选择创业项目的工具：SWOT 分析、商业模式画布、创业计划书 4. 创业融资 5. 创建创业组织的过程 6. 布置课后训练：项目校园展卖	学生团队就本项目进行路演、发起众筹等形式观察同学对该项目的认可程度
模块四	创业市场营销	1. 创业训练分享 2. 创业技巧（案例卡学习） 3. 以一个创业训练项目为例，教师带领学生制订营销方案 4. 在班里寻找 2～3 个网络技术强人，发现大家共同感兴趣的网络话题 5. 布置课后训练：每个团队至少对接 10 个潜在客户，记录对方的反馈	
模块五	网络与创业	1. 创业训练分享 2. 网络牛人讲授"网络与创业" 3. 布置课后训练：每个学生选择一个网络工具围绕训练项目制作一个作品	
模块六	创业企业管理	1. 创业训练分享（随机抽取同学进行分享） 2. 阅读与讨论创业案例卡 3. 教师讲解理论 4. 布置课后作业。创业计划书写作：每个组以 H5、电子书等尽可能新颖的表现方式描述全部训练过程，要求作品的表现形式可以在朋友圈转发	
模块七	答辩暨大赛（一）	展示、答辩、点评是很好的总结、分享、学习的过程。 每个组展示 10min，答辩 10min	答辩大赛以合班形式进行，建议选择大的学术报告厅；聘请校外评审参加答辩
模块八	答辩暨大赛（二）	每个组展示 10min，答辩 10min	答辩大赛以合班形式进行，建议选择大的学术报告厅

七、分数构成及评分标准

分数构成及评分标准参见表 1.2。

表 1.2　分数构成及评分标准

内容	分数占比	要求	备注
训练项目展示	50	1. 以 PPT 形式展示创业计划书 2. 项目新颖、展示形式新颖、展示内容完整	1. 其中 35 分由点赞数和朋友转发数确定 （1）分为四挡，90～100；80～89；70～79；60～69；每个团队一个成绩 （2）点赞数量的前 25% 为第 1 挡，依此类推。由每个组获得点赞数最多的前 5 位同学计算总点赞数，点赞数相同情况下，以第 6 位同学获得的点赞数为依据分挡 （3）第 1 挡的基础分数为 90 分，每获得 10 个转发加 1 分，封顶为 10 分，依此类推 2. 15 分由教师、创业导师、学生代表组成的评审团确定
创业训练记录	20	记录完整	1. 每个学生一个成绩 2. 分数由任课教师评定
训练分享	15	任选一种网络工具，围绕训练项目制作一个作品展示训练情况	1. 每个学生一个成绩 2. 成绩由教师给定
出勤	15		1. 不符合学校规定的出勤次数，没有成绩 2. 缺勤一次扣 4 分，有正当理由不扣分

注：1. 学生若提出改进教学的意见建议并获得全班同学的支持，可获得 5 分加分。

2. 出勤情况仅用于确定是否计算该学生的成绩，符合学校相关规定的计算成绩，不符合的学生本门课程没有成绩。

一、发现机会与项目选择

【案例一】　张某注意到很多人都持有多张会员卡，他想用一张通用卡代替所有商家会员卡。他联系了 100 多家商家结盟后开始销售会员卡，又开发软件，记录每个消费者的消费情况、联系方式等，以便商家有目的地投放促销广告。他把想法和两个同学说了，3 个人每人出资一万元开始创业。

【案例二】　毕业的时候大家都想留下些珍贵的回忆，学校周边的文印店仅把照片简单排版，没有加入个性化的设计。网上有不少个性纪念册制作商家，但没有进高校。艺术系的大学生王某抓住了这个市场空白点，成立了自己的工作室。

【案例三】　中小企业数量庞大，很多企业有自己的网站，但设计简单、链接稀少。这背后潜藏着巨大的市场需求。大学生何某决定做网站建设、推广，开展网络营销培训。

【案例四】　王某的母亲病了，考虑到老鸭的营养价值高，王某想买些老鸭给母亲补身体，但市场上的老鸭并不好找。鸭子养到两年多，产蛋已经很少，基本就被淘汰了，三年老鸭已算是稀缺商品，卖价在两百元左右。发现此商机后，他开始养鸭子，前两年卖鸭蛋，第三年卖老鸭。

【案例五】　大学生张某的父亲开了家杂粮煎饼铺，生意红火。父亲将配方和制作工艺传授给了张某。张某大学毕业后回乡开起了煎饼铺。

【案例六】　张某想创业，一天，他突然想起父亲以前做过的羊肉煲，没有膻味还很清甜，很适合广东人的口味。于是，张某开了一家羊肉煲店。一时间，当地人都上张某的饭店喝羊肉汤。从 2002 年至今，他每开一家分店，都将配方中最特殊的部分碾成粉末，按一定比例调配后再派发至分店。

【案例七】　某团队有约 30 人，常因沟通不畅影响项目进程。为了提高沟通效率，他们找遍了国内外的协同软件，均不满意，便自己开发了一个供内部使用的简易协作软件。软件使用效果很好，大家看到了商机，于是将此作为了创业项目。

【案例八】 温某喜欢一个女生，希望能够给她制造一些惊喜，上网找不到合适的礼物。他就自己做了一个手机软件"礼物说"，通过扫描二维码，能把声音和图片绑定在礼物上。这个软件推出后很受欢迎，温某因此创业。

【案例九】 大学生陈某参加了学校组织的海岛野外生存拓展训练，印象深刻。于是到拓展公司兼职学习各种技能，大学毕业后，陈某回到家乡开了家拓展公司。

【案例十】 刘某听到顾客抱怨鼠标垫花样单一，就在计算机上绘制了个性鼠标垫的效果图，当她把这两个图案拿到电脑城时，反响很好。于是，她在网站上发布了自己要生产、销售个性鼠标垫的帖子，很快订单接踵而至。此后，刘某还制作了中英文网页，国外的公司也开始和她合作。

【案例十一】 张某开了家电脑门市部但利润很低。一天上网聊天时机器受到病毒感染，损坏了存有重要数据的硬盘。他找公司恢复硬盘数据，对方收费很高。于是他转而潜心学习，专门解决计算机的疑难杂症。很快就承揽了保险公司、外贸公司的计算机维护和升级工作。

【案例十二】 大学生黄某发现学校附近的一个漂流项目很适合开展学生旅游，于是和漂流公司联合开发。一时间，各大校园内便出现了"情侣漂""冒险漂""全家漂"等漂流套餐，火遍市场。照方抓药，他又开发了手机卡、手机专卖合作等校园市场合作项目。

【案例十三】 市场上有很多毛坯房闲置着，王某用极低的价格租到毛坯房，再进行简单装修后转租给房客，中间的利润很丰厚。

【案例十四】 新生寝室里没有镜子，如果采购些镜子转而出售会赚钱。李某开始联系有需求的宿舍，然后对接镜子店赚取差价。

【案例十五】 大学附近没有卖糖炒栗子的，张某开始寻找进货渠道和设备来源，设计了自己的商标和包装袋，在大学附近开了家糖炒栗子店。

【案例十六】 何某发现一个老人的臭豆腐小摊挤满了人，观察了几天，天天如此。一番软磨硬泡后，老人终于答应收徒，条件是学成以后不能在当地做生意。学成后何某回到家乡卖臭豆腐，并且很快开了连锁店。

【案例十七】 2000 年初，农家女王某来到武汉打工，她发现爆烤鸭风靡街头，于是花

6 000 多元跟人学了爆烤鸭的制作方法，开了一家店。当年十月，媒体曝光了爆烤鸭含有致癌成分的消息，所有的爆烤鸭生意一落千丈。

【案例十八】 李某的第一单生意是帮别人推销积压产品，他把有限的资金主要花在印制宣传品、报价单及做广告上面。"8 毛钱一个的进价，一块多钱卖出去。"两年间，他从推销这些积压品上赚了几十万，也由此终于有了属于自己的玩具厂。

【案例十九】 李某偶然从网上了解到美国一个专业的气球公司有 2 000 家加盟商店，他想把这种经营模式转移到中国来。他在国内几乎所有的 B2B 网站上刊登自己的产品信息，很快外贸订单接踵而至。

【案例二十】 张某养兔子创业，他没有养殖经验，不了解市场行情，所以养殖规模不大。他发现养兔子很辛苦，还要有技术。养兔子三个月才见效益，加之养殖规模太小，就算成功赢利也不会很多，于是他选择放弃。

【案例二十一】 黄某初中毕业，以打棉絮维持生计，但是打棉絮季节性很强，并且粉尘大，伤害身体。网上说做清洁球赚钱而且投资不大，了解到当地没人做这个项目，于是黄某到山东临忻买了钢丝球机，生产清洁球，但很快发现当地市场太小，半年就关门歇业且亏损了一万多元。

【案例二十二】 张某和李某跟着老师搞暑期调研，他们发现当地很多品牌设计公司生意都不错，于是萌发了卖创意赚钱的想法。于是他们开办了自己的工作室。

【案例二十三】 农村大学生杨某的老师给了他一些甜玉米的种子，在家乡试种后很成功，于是杨某计划大面积种植。他在校期间成立了种业公司，公司的启动资金大半来自于国家玉米改良中心的捐赠。杨某把家乡的农户们组织起来，成立了水果玉米种植合作社。

【案例二十四】 大学生杨某失恋了，一天，一对身着情侣文化衫的学生情侣刺激了他。有情侣衫，就有光棍衫！网上查询得知市场上多数商家关注于开发情侣用品，鲜有表现单身男女的文化产品。杨某很快组建团队开始创业，很快，他的"光棍 T 恤"火遍校园。

【案例二十五】 下岗女工李某觉得环保家装有市场，于是上网寻找创业项目。她发现了"纳米秸秆门"项目，于是她到厂家学习生产技术，学成后回到家乡生产纳米秸秆门。但产品上市后无人问津，原因是产品虽然环保，但是并不适合当地的气候，秸秆材质韧性差，容易变形。

【案例二十六】 一天外婆和张某说想看看"神马"，他按照在网上搜到的关于"神马"的描述，缝制了一个憨态可掬的"神马"。小表妹把"神马"带到学校后很受同学们的欢迎。于是张某开了一家创意玩偶店，生产和销售"神马"，进而发展到生产和销售各种网络神兽。

【案例二十七】 农村大学生杨某从网上得知水果玉米富含营养成分，是一种新兴休闲保健营养食品。于是杨某让家人开始小规模试种，销售情况很好。大学毕业后，杨某返回家乡种植水果玉米。

【案例二十八】 李某家乡盛产甘蔗，但收获季节很难请到砍蔗工。李某印了小广告张贴到各村屯的公告栏中，最初想免费帮助本村的蔗农对接砍蔗工。很快，外村的蔗农也有需求。李某从中发现了商机，把中介业务范围从砍蔗发展到搬运、装车及后来的销售。

【案例二十九】 郭某发现有人把多张传单派发给同一个路人，路人接到传单后随手丢进了垃圾桶。她开始思考如何增加广告单的阅读量，她想到了网上购物很流行，于是把广告印刷在快递公司的快递或送货单上。于是联合了几位同学一起创业，很快就赚了一笔钱。

【案例三十】 打工女孩张某逛街时看到商店销售娃娃玩偶，心灵手巧的她第二天就做了一个母亲抱枕，同宿舍的女孩让她多做几个，每个付费 15 元。别的宿舍的女孩也要张某帮着做，张某意识到了商机，开始创业。她不断开发新产品，抱枕生意一直很好。

【案例三十一】 小李的创业项目是彩色钥匙，但生意经营失败。主要原因在于：1．需要多种匙型及与之搭配的图案，初期投入高；2．以相似的匙型改制成所需的匙型技术复杂；3．需要高价雇有经验的老师傅；4．产品废品率高；5．生产彩色钥匙的材质对配匙机磨损严重。

【案例三十二】 王某发现某豆腐连锁项目生产的豆腐很受市场欢迎，于是学成后回到家乡开始创业。使用学到的方法生产豆腐，尽管口感好但产量低，因此豆腐价格高。当地人由于消费水平低，对豆腐价格敏感。王某创业失败。

【案例三十三】 张某在某大学城建了一个淘吧，淘吧火了两个月后问题凸显：女生嫌玩泥巴脏，男生在寝室当"宅男"。再后来，由于学生们均要准备期末考试、各种证书考试、等级考试等原因导致生意极为清淡。寒假到来后，大学城成了一座空城，这给了小店致命一击。

【案例三十四】 张某大学学的是模具专业，他在深圳发现一套成本价仅为 30 多元的手机外壳，批发价可达上百元。一家店每天可销售 300 多套外壳。于是他和朋友一起开办了一家生产手机壳的工厂，短短两年时间就淘到了第一桶金。

【案例三十五】 小侯因为喜欢汽车，开了一家汽车饰品店。尽管他店里的饰品很吸引顾客眼球，无奈饰品店所处的位置比较偏。车流量很大但车辆仅仅是路过，而且大部分是大货车，根本不会在这样一个地段停车，也不会进店来买车内饰品。店面开业半年关张。

【案例三十六】 王某从想开店到盘下一家小服装店只用了一个月的时间，半年后因经营成本太高而倒闭。分析其原因，一是创业匆忙，租店价格远远高于市场价；二是租下店铺时尚未找到进货渠道；三是花费很大成本进行市场测试后才慢慢发现顾客的喜好，但已于事无补。

【案例三十七】 张某在河北农村收苜蓿卖给周边的养牛场。由于人民币的升值，美国进口的苜蓿大量进入中国市场。进口的苜蓿质量好，价格适中。新疆新建的大面积的苜蓿生产基地也对张某的业务有很大冲击。因为无利可图，当地农民不再种植苜蓿，张某停止经营。

【案例三十八】 农民周长江在姐姐的卤菜店帮忙宰鸭，两年后自己开店。他生产的怪味鸭很受市场欢迎，于是和妻子一起拼命工作。6 年后，终于积攒下了 100 多万元。再后来创出自己的品牌"周鸿鸭"，依靠加盟连锁成为一名千万富翁。

【案例三十九】 张某实在没有好的项目，没办法只好开始学做包子。起初他并不看好这个项目，因为满街都是包子铺。他和当地师父学习技术，因为没特色，包子铺勉强维持。后来，他到天津的包子铺一边打工一边学习做包子。学成回家后，因其包子口味独特生意兴隆。

【案例四十】 黄恺上大学期间接触到舶来的桌面游戏，于是设计游戏"三国杀"。出于兴趣爱好，他和另外两个同学成立了一个工作室，把三国杀的纸牌放在淘宝上售卖。后来清华的一位计算机博士加入团队，几个人成立了一家专门经营和开发桌游的公司，公司逐渐做大。

【案例四十一】 宋女士开办了一家香水加油站，销售散装香水。她选择的店址为一个老居民区，但由于居民多是普通工薪人员，他们对香水的消费需求非常少。后来宋女士把香水加油站开到了一个高档小区后很快赢利。

【案例四十二】 徐某下岗后从事服装织补、翻新改色、改型等工作。看到很多下岗工人没有工作，他主动与政府部门联系，免费提供织补技术培训。意想不到的是，很多人要求学习更高级的服装、美容技术，于是他开班收徒，学生学成后还开了加盟店。

【案例四十三】 看到街头的 ATM 机很脏，陈某萌生了为机器做清洁的想法。他上网购买了各种去污产品进行试验，请教大学教师和有经验的专业人士。通过两个多月的努力，其清洁产品通过了北京市技术监督局的安全检测。公司很快打开了市场。

【案例四十四】 小刘看到很多小区的食杂店赚钱，自己也开了一家，但很快关张。一是因为他经营的沙司等西餐调味食品，小区里的居民对其需求少；二是店面的位置在小区边缘，客流量小；三是营业时间随意，大家不知道具体营业时间。

【案例四十五】 四川省宁南县是传统养蚕大县，几乎家家户户都养蚕，但很少有人家大规模养蚕。于某在外打工 5 年，学到了先进生产管理经验。2008 年底，他发现由于农村劳动力大量外流，部分桑园和蚕房废弃闲置，于是低价租赁这些闲置的养蚕资源，搞起大规模养殖。

【案例四十六】 1999 年，有一种叫"跳跳娃"的玩具风靡武汉三镇。玩具往往是"一阵风"，此时，"跳跳娃"在市场上已出现明显滞销，出厂价也在持续下跌。张某趁便宜进了一批货，因为他考虑到"武汉已经火过了，但下面的地级市会有滞后效应"。

【案例四十七】 王某听说开洗衣厂很挣钱，于是经过一番市场调查和成本核算后开始创业。很快面临骑虎难下的局面：由于当地水质太硬，不得不追加投资，加装软水设备；洗衣污水污染环境，需缴纳排污费；进行成本预算时，没有意识到用电是按照工业用电价格收费，导致经营成本进一步增大。

【案例四十八】 李某承包了村里倒闭的砖瓦厂，但是当年雨水多，砖瓦厂地处淮河泄洪区，因为泄洪导致生产了几个月的砖坯全部浸泡在水里。水退后，王某贷款继续生产，产品质量出了问题。原因一是烧砖的师傅技术不过关，二是河滩地的土质不适合烧砖。

另外一家砖厂的土质适合于生产砖，王某转而承包了这个砖厂。后来发现前一任承包者与当地农民的土地赔偿问题没有解决，王某陷入了法律纠纷中。在生产的关键时刻出现资金链断裂，银行拒绝贷款。

【案例四十九】 小李有个朋友在广州火车站附近的服装城里做服装生意，店铺很小、租金很贵，但生意兴隆。由于资金有限，小李选择了天河区客运站附近的一个门面。该地每天平均有几万人的客流，到火车站交通便捷，租金也便宜。

小李在客运站经营服装，但是半年后不得不放弃。原因是客运站的大部分乘客是广州市内的上班族，他们很少客运站购买服装。广州火车站附近已形成了一个大的服装批发商圈，这些批发商进完货还可赶上乘当天的火车返回，故生意兴隆。

二、创业者与创业团队

【案例一】 7 个朋友合伙开网吧，不到一年便关张。原因之一是一个小网吧不需要如此多的老板；原因之二是 7 个人分工不明确；原因之三是每个人的工作绩效没有考核，有人勤勉、有人懈怠。

【案例二】 李某和其堂哥共同创业，生产高档衣架。事业刚有起色时便出现了问题：其堂哥因在外地有生意，他妻子要求他回到外地；李某的父母、恋人也强烈反对他的创业行为。不得己，李某最后选择了放弃。

【案例三】 张某为了让公司更具规模，在已有两个股东的基础上找来了第三个股东。但除张某外的一个股东的执行力偏弱、另一个股东私自动用资金造成公司资金链断裂。加之公司经营上的一些失误，一年之后公司倒闭。

【案例四】 3 人创业，一人为销售型人才，一人可以胜任培训师，一人有管理经验，负责和客户做业务前期的分析谈判。3 人成立了一家教育培训机构。很快倒闭，原因是团队缺少核心领导者、内部争论过多。

三人的创业团队组建匆忙，股份均分。每个人对风险的喜好、做事风格不同，加之团队中没有人控制话语权，导致沟通困难，很快团队解体。

【案例五】 阿强和阿伟开了家电脑经营部，生意不错。几个朋友要求投资入股，但矛盾由此而起，随着投资人不断加入，有发言权的人同比例增加。最终因为利润分配不均，持续了不到一年的创业便宣告失败。

【案例六】 某咨询公司有 4 位合伙人，股份均分，每人负责一块业务。创业初期一帆风顺，随着业务的发展，4 块业务出现了发展的不平衡，合伙人之间出现了矛盾。但是当初约定的 25%的股份却难以改变，在矛盾难以调和的情况下，4 人各奔东西。

【案例七】 成都女孩李某开了一家手帕店，她自己没有美术方面的基础，于是找到一名思维活跃、在产品设计方面很有灵气的大学生杨某为自己打工。过程中合作愉快，杨某大学毕业后与李某共同创业，她们开起了手帕专卖店。

【案例八】 高某想创业，他在网上找到了一批在绿植、装修与园林领域从业，并有创业想法的年轻人。大家平时都在网上交流。见面之后，一拍即合。4 个合伙人，经过一年的筹备成立了一家花卉园艺公司。

【案例九】 张某开了家用移动互联网做二手车交易的公司，"公司成员老少搭配，做网络技术产品的都是年轻的 90 后，而汽车专业人才，我们找的是资深元老级人物。"由于有资深的汽车人才，网站在短短两个月内积累了大约 80 辆真实个人车源，发展了 50 名客户。

【案例十】 何某是个喜欢思考的人，"去饭店吃饭，同学们关注的是哪个菜好吃，我则更关注店里的装潢，碗筷、桌子的颜色等。"为了说服同学凑齐启动资金一起创业，何某把平时储存在脑袋里的关于创业的细节都一一拼凑，让同学看到了他的信心和细心。

何某给同学算了一笔账，"20 万元的投资看起来很大，可就算失败了，还有十几万元的店铺转让费可以保本，平摊下来一两万元的亏损对每个年轻人来说是承担得起的。"就这样，5 个同学集资 20 万元，卖起了馄饨。

【案例十一】 下岗职工刘某和妻子开了家小饭馆，生意不错。但几个月后一盘点发现几乎没有赚钱。餐馆账目混乱，最简单的收入和支出项目都没有认真地记录，计划外开销多，于是夫妻互相抱怨。解决方案：制订了详细的分工计划，对餐馆管理的细节都做了分工规定。

【案例十二】 张某大学学的广告，其妻是服装设计出身。夫妻两人办了家广告公司。他们相信凭借几年积累的经验和客户资源，生意会很兴隆，能够改善家庭经济状况。公司开张后很快加了几个单子，连续进账让两人欣喜不已。

"生财容易守财难"，公司业务扩大了，问题随之出现：妻子觉得家庭支出也走公司账目，这样很难估算公司正常的收支。丈夫闲麻烦，他觉得反正都是自家的，没有必要分得那么清楚。两人为此争吵不休。

妻子担任财务主管，认为自己理所应当掌控公司的发展方向，丈夫觉得女人不懂经营和管理，自己见多识广，要多听自己的意见。公司的每一个小决策都可能导致两人翻脸。

专家提醒：公私分明至关重要。公私混淆是夫妻店最容易忽视却也是最重要的问题之一。必须分开设立账目，一定要清算完了之后再进行二次分配。公私不分既给清查财务状况造成障碍，也容易促使自身"腐败"堕落。

创业者如果没有理财意识，不能将利润进行合理分配再投入，那么很有可能从此成为由盛转衰的转折点。可以考虑外聘会计公司帮助记账，每年定期进行财务清算，这样可以保证客观公正，也可以起到监督的作用。

【案例十三】 张某和几个伙伴创业，研发的新产品上市后效果很好，公司迅速扩张，但很快衰败。原因之一是管理混乱。公司有两个合伙人都非常不擅长管理。于是出现了人越多公司越乱、效益越差的现象。部门与部门之间频繁出现权利斗争、办公室政治越演越烈。

原因之二是财务乱。公司两个股东将自己的开支与公司的财务都混在一起，造成股东之间的不满意。另外，在管理账务时公司很多出账都是现金支付，没有记账，其后也没有补记，造成互相猜疑。

【案例十四】 A、B、C 三人共同出资设立了 D 公司生产绝缘材料，由 A 担任公司的法定代表人。公司成立一段时间后，A 又向 E 公司投资并成为 E 公司大股东，随后开始负责管理 E 公司的生产经营活动。一段时间后 D 公司难以为继，股东 B 遂向法院申请解散公司并获得准许。

于是 D 公司成立了清算小组开始对公司资产进行清算。在清算过程中 B 和 C 发现，A 竟然在 D 公司存续期间，作为高级管理人员未经股东会同意即与他人共同开设经营同类型业务的 E 公司并且还担任 E 公司的重要职务。

D 公司随即委托 B 将 A 告上法庭，要求 A 将在 E 公司经营期间的所得收入都交 D 公司所有。法院认定：A 在 E 公司工作期间所获分红应当认定为 A 违反竞业禁止义务所得的收入，归 D 公司所有。

在本案中，权益被侵害的两名股东即便获得胜诉，实际上的损失也远大于法院认定的赔偿数额，因为在法律程序中，一切都是以证据为准，而实际上法律认定的有效证据，通常情况下都是不足以还原客观事实原貌的。

建议创始团队在缔结第一份纲领性文件，也就是发起人协议时，对这种违反同业竞争约定的行为直接约定一个相对合理的违约金数额，而不要将所有的希望都放在最后的法庭举证上。

【案例十五】[1]南存辉和胡成中从小是同班同学。毕业后，南存辉成了修鞋匠，胡成中做了裁缝。1984年，两人共同出资5万元开办了乐清求精开关厂，办厂时双方约法三章：股权各占一半，互不控制；各自的夫人不能进厂，不干预企业决策；谁要引进亲戚谁就出让股权。

随着企业的发展，最初的约法三章不能解决所有的问题。例如，两人在企业重大决策中出现冲突时，没有确定谁有最终的决策权。于是两人又约定，厂长和法人代表每年轮流做。创业初期，这种以创业者之间的契约确立企业运行规则的做法尚且可行。

这种靠契约建立企业运行规则的做法也存在极大的局限性。由于经营得当，企业生意十分红火。随着企业不断发展，两人之间的矛盾和摩擦也越来越多。1990年，乐清求精开关厂分立为两人各自掌管的分公司。

1991年，两人正式将求精开关厂一分为二，并按照最初约定各分得资产100万元，重新开创各自的事业。最初的契约尽管存在局限，但它约定了两人的股权分配比例，从而在使双方避免产生激烈的冲突方面发挥了重要作用。

【案例十六】 2001年，李某和另外两个合伙人一起开创了市场营销公司。一个合伙人负责创意，另一个负责项目管理，李某负责销售和其他很多运营的工作。但是负责项目管理的那个人没有什么经验，经常出现很多的问题，他还负责会计工作，干得并不顺利。

除此之外，决策的过程也非常麻烦，因为3个人的权利基本一样，每个事情都需要反复讨论。有一段时间面对这种巨大的判断差异，李某不得不在家里也要办公，最后三人不得不聘请了一个顾问，来帮助解决问题。

但最重要的问题是，工作分工十分不均衡。几乎所有的销售都是李某自己促成的，工作时间往往是另两人的两倍，同时李某还得不断地推进他们的行动。终于有一天，另两个人一起辞职了。创业之初他们还是朋友，创业失败之后很长时间彼此没有说过话。

【案例十七】 张某和朋友合伙创业，后因对现有的人力结构和决策机制不满意而退出。

---

[1] 资料来源：http://www.docin.com/p-326965736.html，登录日期2013年12月1日。

原因在于，团队呈橄榄型结构，上面是业务系统，就张某一个人开发市场；中间是运营系统，包括财务、人力、前台、策划、管理等，有七、八个人；下面是执行系统，只有两、三个人做文案、设计。

决策机制：张某是公司创始人之一，是主要决策者。由于公司发展需要不断投入资金，钱主要是合伙人出的，所以后来合伙人的股份比例超过了张某。张某的决策权受到挑战。

橄榄型的团队结构运营的固定成本很高。实际干活的人太少。另外，投资人的股份超越了创始人，于是公司出现了双头决策。A 说 A 有理、B 说 B 有理，谁也没法说服谁，导致出现矛盾。

【案例十八】 李某和熊某、方某在同一家游戏公司工作，最终成了合作伙伴。熊某技术过硬、为人真诚。李某欣赏熊某的技术，熊某欣赏李某思维活跃。合作期间曾经非常愉快，但是最后却应了《中国合伙人》里的那句话"不要和最好的朋友开公司"。

做事方面：熊某希望公司集中精力做好游戏产品，专注在一件事情上；而李某因为担心公司的生存问题，接了一些杂七杂八的活回公司做，其中一些性价比不高的项目，在一定程度上影响了公司的资源调配。

做人方面：熊某认为做公司和做人一样，要表里如一；而李某有时候会为了公司利益牺牲原则。在这些方面他们激烈讨论了很多次，熊某不同意李某的观点，可是熊某又不得不妥协，因为当初是熊某坚持要让李某当总经理的。

终于有一天，熊某离开了公司。李某觉得需要离开的人是自己，因为在他加入公司之前，熊某已经为公司付出了很多心血。这时候，公司的合伙人只剩下我和方某，方某是一个乐天派，没有什么可以让他发愁。

方某的家境比李某宽裕，在经济方面对李某做了很多让步，否则李某早就支撑不下去了。以前几个部门做的事情，现在全要两个人自己干。白天跑单子，做项目沟通，晚上在夜灯下做方案、敲代码，什么都要会。项目多的时候，身体累；没有项目的时候，心里累。忙的时候也想招人分摊一下压力，可是一直顾虑重重。

销售方面：熟手不容易招，新手会浪费机会，毕竟公司目前的项目来源有限，自己做成交率更高一些。技术方面：业务内容比较庞杂，技术跨度大，高手养不起，新手做不了。

【案例十九】 王某开了一家美甲店，生意很好。即使如此，由于自己的资金短缺，无法实现"扩张"。一位顾客得知后，提出由她出资帮助王某开美甲店，权当合作。王某迅速在当地开了几家分店。

美甲是一个不断创新的行业，随着客人的增多，客人的需求从量到质有了变化。同时，当地美甲店也在不断增加，竞争加剧。不得已，王某思考店铺的发展问题。她到北京进修，将先进的理念和技术带回来，同时，增设彩妆、纹绣等业务。

随着团队人员的增多，王某感到需要让更多的人走出去。她外派员工到成都、北京等地学习。由于美甲行业学费较高，费用是由她和员工五五开。"对于工作 3 年以上的员工，学习的费用都是由我们出。"

外出学习人员毕竟有限，王某租了一间教室，供学员之间探讨交流。外出学员学成后，可以将外面的所见所闻和其他员工分享。另外，王某还从外面请老师给学员上课，把"走出去"和"请进来"相结合，让员工的观念和技能得到更大的提升。

慕名前来学习的学员不断增多，很多人学成后留下工作。随着团队的壮大，她开始感到管理能力不能跟上团队扩张的速度。为此，王某参加管理方面的培训。现在她基本能将员工放在合适的位置，很好地处理员工之间的矛盾。

【案例二十】 张某等人的创业项目是使用一张通用的会员卡替代单一的会员卡。一年的时间里 3 个股东大约赚了 10 万元。这时，关于公司的发展 3 个股东意见不一致，另外两个人认为应该继续推广消费卡赚钱，张某坚持把钱投给会员提供增值服务。理念不同，团队就解散了。

【案例二十一】 几名农业大学的毕业生一起承包了某农场的土地进行创业。大家干劲十足并且也有吃苦精神，但由于缺乏资金、务农实践和市场经验，团队的分歧也越来越多，最终陷入困境。

【案例二十二】 小刘和另外两个同学一起开办了一家中介所，以为顾客介绍家教为主。开始时生意不错，每位接受中介服务的学生会支付 10～15 元不等的中介费。随着业务的扩大，部分同学在与家长"接头"后就甩开中介。3 位"股东"开始出现争执，经营两个月后分道扬镳。

【案例二十三】 几个朋友一起创业，来到义乌进货。义乌进货每种商品进货量要很大，他们被义乌小商品的低价所诱惑，采购了六万余元的货物。但经过近半年的销售后，仍有大量的货物积压在仓库里，造成资金周转困难。

三、创业技巧

【案例一】 杨某推广百老汇音乐剧，他挨个给对音乐感兴趣的微博"大 V"发送邀请。"大 V"们一般起得很早，杨某就在凌晨发私信。借着第一拨"大 V"的推荐，杨某积累了自己的第一批核心观众。

【案例二】 张某开了家广告公司，他成功的秘诀是为客户"多想一些"。例如，客户公司内部要出画册但不知道怎么做，他就提供设计思路，必要时还义务帮忙。口口相传的力量不可小觑。

【案例三】 小李开了家旗袍店，旗袍很好但是销售情况不好。她和当地电视台合作，为播音员提供旗袍，电视上每个月都会出现 10 次左右的文字广告，来店里定做旗袍的人开始增多。

【案例四】 常熟等地是服装集散地，很多服装质量好、款式新、价格低得难以想象。王某基本都是拿的原单的外贸服装，质量和款式都属上乘，并且还可以有 50%以上的利润空间。

进货不是以自己喜欢为标准，而是以是否能尽快出货为准则。卖便宜货，要热情；卖贵货，要清高一点，太热情了，她觉得你的货不值。即使是光顾了很多次的顾客，也要客气、客气、再客气。

【案例五】 于某从小喜欢望远镜，念大学时，学校每年组织同学到千山采药，很多同学都想买一台望远镜，他批发一批望远镜并出售赚取差价，从而挣了一笔。他还把天文爱好者组织起来，办培训班、组织旅游等，并在大学设立分会。

【案例六】 3 个学设计的大学生开了家设计公司，他们打算创建自己的网站可是苦于不懂技术。于是和一家网络设计公司进行了交换，他们免费为该公司设计一套 VI 系统，对方免费给他们设计了网站。

【案例七】 张某与某温泉旅游景点合作，推出"温泉蛋"。用当地最好的温泉煮散养鸡蛋，不仅口感好，还有保健功效，并且包装漂亮。游客付了钱，留下联系方式，人到了家，

"温泉蛋"也到家了。

【案例八】 张某发现当地土豆价格居然 2 元一斤，而且口感不好。在他老家，每斤不到 3 毛钱并且口感好。于是他让家里给他邮寄了 1 袋土豆，找到几家菜市场老板试吃，大家很快跟他签了进货合同。

【案例九】 有人专门在城里收旧衣服，只要没有破的衣服，就以五毛钱一件的价格收下来。然后把衣服洗洗熨熨，以二十元一件的价格卖到安徽老家乡下。

【案例十】 大学生张某以赊销的方式拿到两包牛仔裤，成本价 5 元。市面上卖 20 元钱他卖 12～15，他还和厂家商量做其北京的总代理，生意顺风顺水。

【案例十一】 有一年南方某小县的萝卜滞销。张某花一千多元就买了十吨，雇一些周围的农民，把萝卜加工成萝卜干，短时间低价转手给省会城市的各大酒店和批发市场。

【案例十二】 张某找鸭脖店的老板进货，拿到网吧卖。这样不需要自己制作，跑跑腿就行。鸭脖店老板也乐意多了个业务员。他卖鸭脖、鸭腿、鸭肠等，根据销售情况分给网吧一部分利润。

【案例十三】 县城里有个卖包子的，老远都能听到他的大嗓门："馒头，包子，山东馒头"。他的包子味道好，尽管价格贵还是很好卖。原来他的包子不是自己生产的，而是从其他老板那里拿的货。

【案例十四】 张某让一家巧克力 DIY 店低价供货给他。他将自己的手机号作为订购电话印在名片上，在繁华地段发放给年轻人，最后收到了五六十笔订单，每单赚 30 元左右，三天赚了 1 800 元。

【案例十五】 一般中餐馆不做早餐，张某租下餐馆的早餐时间，又找愿意供应早餐的老板每天送货。由于这家中餐馆面积大，生意很好。之后，他照方抓药，承包了五家餐馆的早餐销售。

在旅游淡季，酒店生意都很差，张某跟酒店承诺帮助老板带来很多吃饭和住宿的客户，条件是酒店免费提供会议场地。张某又找到经常搞培训的企业，如保险公司等，再以低价售出会议场所。

餐馆一般都自己买菜，张某找到多家餐馆，将他们要买的菜集中统一采购。接完餐馆的订单之后，他找菜市场的批发商，低价拿货后送到各个餐馆，以赚取差价。

很多资源都是浪费的，如网吧的空位置、酒店的空房间、客车上的空座位、服务员的空闲时间等。如果你去找，并且把这些浪费了的资源利用起来，就可以形成一套可以不断赢利的商业模式。

一般人创业往往是先铺摊子、做产品、再销售，但这种模式风险很大。如果用逆向思维来考虑创业，问题其实是可以很好解决的——先有销售，再做产品，最后铺摊子。

【案例十六】　学商科的焦某想换工作，看到高薪聘请不到技工的新闻，他内心为之一动。辞掉工作，进入高职院校专门培训大学生的由政府支持的免费"回炉"班学习电气自动化。

【案例十七】　王某专卖儿童服装，他结识了很多经营儿童用品的商人。后来王某代理了一款儿童益智产品，他自然想到了这些关系网，顺理成章地利用上了原来的渠道，事半功倍。

【案例十八】　王某开了家高档茶吧，她和"女企业家协会"联系，划出场地作为其活动场所。不但吸引了女企业家，还吸引了"女记者协会""女律师协会"成为团体客户，一些高收入的女士成为了长期客户。

【案例十九】　张某在某旅游胜地开了家餐馆，李某在其附近开了一家服装店，他们采取互相帮忙的方式进行营销互相推荐顾客。

【案例二十】　张某开办了一个建筑行业使用的振动棒加工厂，为打开销路她将产品送到五金店试销、施工单位试用，满意再付款。她还利用阿里巴巴的博客、论坛等，广为发布信息。

【案例二十一】　七彩山鸡肉质比普通鸡好，鸡肠还可以入药，抗病能力强，但是生长周期长，也可能产出来卖不出去。所以，投资之前要先解决销路。王某想养山鸡创业，但又没有把握。

他先到一家养殖场去做兼职，从打扫鸡场卫生开始，逐渐了解饲养山鸡的整个流程和需要的技术。但是兼职能学到的东西不多，他就自学养殖技术，后来又到另外一家养殖场做技术工作，边做边学。

打工的价值在于学习成熟企业的技术和经营模式及了解市场渠道。通过 4 个月的"潜伏"，张某了解客户在哪里，再去定点寻找就很方便。然后他小批量生产，在家里做试点，用废旧房屋改造鸡舍。在选购鸡苗的时候只进 800 只，即便全部亏损了也可以承受。他带着这些鸡去谈业务，不光卖掉了这批鸡，还拿回来了 3 000 只的订单。

【案例二十二】 两个热衷创业的伙伴成立了自己的摄影工作室，专攻 3D 打印业务。为了节约成本，他们通过网上搜集资料，自己组装了一台成本仅 2 800 元的 3D 打印机，而同样的机器购买至少需要 3 万多。

【案例二十三】 吴某养土鸡，他选择那些关注衣服和日用品及经常晒孩子的女性，时不时评论。时常晒晒自己养的鸡的萌态，被评论的人渐渐地开始关注他。

成都一个拥有很多微博粉丝的女子过来参观，并买走了 200 多块钱的土鸡回去试试。此后，这位女子成了常客，并带来了很多顾客。吴某又开始玩微信，描述养鸡生活中的趣事，秀秀养鸡过程。

农村的田园生活在吴某的朋友圈被描绘得栩栩如生。通过移动终端，及时有效地与顾客互动沟通，提供诚信、精准的服务。吴某也在淘宝开店，但几乎没有打理，只是用来进行支付交易。

【案例二十四】 刘某在山上养鸡，他在淘宝网开了一家店铺，将自己养鸡的全过程拍片并制成网页，放在网店、QQ 空间和微博上，供顾客和网友参观、浏览，以消除疑虑放心购买。

【案例二十五】 张某擅长人物摄影，为了节省租金，他把影楼开在一个偏远的地方，通过网络来推广。他提着相机假装找工作，拜访了多家影楼。得出一个结论：这些大影楼都把目光停留在现实客源上，却忽略了数量更为庞大的网络客源。

这个结论让他很兴奋。他的影楼"蔚蓝海岸"开张后，网络上出现了许多关于"蔚蓝海岸"的信息：有广告，也有"有人在打听蔚蓝海岸"的侧面广告。

他与多家婚恋网和新闻论坛合作，随着网络推广不断深入人心，顾客纷至沓来。半年后，张某建起了自己的论坛；一年后，他的摄影和后期制作团队已经多达 12 人。

【案例二十六】 王某开了家熟食店，她的卤味烧腊食品从不打折销售。"如果我降了价，老百姓会认为质量不好，如果将来把价钱调上来，大家又会有逆反心理。

"赚钱是一个细水长流的事情，不可能一口吃个大胖子。"王某在增加卤味烧腊花色品种的同时，把一些凉菜和主食也加进来，使副食和主食在销售上形成互补。

【案例二十七】　刘某想开家小清新风格的甜品店。他到一家知名的甜品店实习，细致地观察学习甜品制作和经营的模式。一个月后他辞职了，自己开了家甜品店。

说起做"卧底"的收获，刘某说，港式甜品主要以鲜果、牛奶为原料，非常健康，但这一行又很讲究技巧，不同人或同一个人不同心情下调制出来的同一款产品，口味可能不一样，非常奇妙。

之前在甜品店看到的都是半成品，标准化的东西、真正的核心技术在工厂。甜品太讲究技巧了，刘某不停地调整产品及口味。"现在店里已经积累了一批固定的客人，时常过来吃甜品。"

【案例二十八】　刘某不仅喜欢吃蛋糕，还喜欢自己动手做。最早跟着网上的一个博主学习，做成的蛋糕受到同事们的一致好评。她还在淘宝上开网店，因为原料好、味道佳，正式创业一个多月后，就有了慕名而来的客户。

刘某做的蛋糕，从蛋糕坯的原料，到翻糖的配比，是经过上百次试验才成功的。很快，由于在淘宝上的评价都是好评，她的订单中出现了大单。

刘某一直在学习，最初她找免费的培训班，后来又到上海专门学习美国西点制作，到香港学习翻糖技术。刘某还计划到法国蓝带厨艺学校继续进修。

随着工作室的扩大，刘某已经不满足于做传统蛋糕，杯子蛋糕、饼干、棒棒糖……她的"业务"已经扩展到所有她有兴趣的甜品。她要做出健康好吃的甜品，把蛋糕做出自己的"高端定制"。

【案例二十九】　李某摆地摊的时候发现了一个商机：一个学生问有没有情侣电话卡。他收下了对方 50 元的定金，将城市里亲情 1+1 的业务进行组装，以情侣卡的方式进行销售。

李某迅速判断出大学情侣之间打电话将是一个巨大的市场，"本来是没有这个业务，而是被我给放大化了"，李某说道。亲情 1+1 被他改成了情侣卡，因为你要用原有的名字你的东西就没有价值了。

"情侣卡"迅速打入校园市场，李某又通过招聘各所高校的学生做代理的方式，迅速占领了各个学校的"情侣卡"市场。

李某又拓展校园快递业务，对于很多高校的毕业生来说，"校园快递"不仅省钱，更重要的是方便，打个电话，上门取件，直接在宿舍楼下完成托运。学生托运即可论件，也可计重，方便灵活。

这项业务的灵感来源于李某发现学生毕业时东西要全部运送到家里，因为当时快递公司是不允许进校园的，这事非常吃力、不方便，而且外边的价格高。

李某用发展情侣卡代理的经验，在各个大学开始找学生做代理。因为方便和可靠，很快占领了当地高校的快递市场。

学生创业，最熟悉的是校园，最懂的是校园，最了解的人又是学生，客户定位就是学生。衣食住行的每一个环节都有商机。

抓住各大高校都在关注大学生创业但又无从下手的商机，李某和高职院校合作，成立特色营销班，将大学生服务大学生的营销模式复制到各个高校。

四、创业中的法律问题

【案例一】 李某开了一家创意手帕店，由李某提供设计图样找到生产厂家进行加工生产。因为是朋友介绍，李某没有与对方签订生产合同。成品出来后，与李某的设想大相径庭。因为事先没有跟厂家签订生产合同，李某根本无法索赔。

【案例二】 农村青年吴某外出打工，他一心想着创业挣钱。一天几个自称是建筑工人的人说在挖地基时挖出了一些文物，吴某买下了这些宝贝。很快，他被以涉嫌倒卖文物的罪名关进了派出所，后经鉴定那些所谓的文物是赝品。

【案例三】 吴某认识了一个台湾老板，该老板说正在筹备开绢花厂。吴某投入了四万余元，得到了15%的股份。但两年过去了，他没有分到一分钱。因为只有口头协议，他欲哭无泪。

《合同法》规定当事人订立合同，可以用口头形式。例如，以录音作为口头合同内容留存时，在录音内容开始部分必须包含双方当事人的合意表述，否则不能作为证据使用。

【案例四】 张某2010年成立了一家移动互联网项目公司，担任法人，并吸引了天使投资。经营失败后，他再次创业；但被告知因为上一家公司没有办理注销登记，张某不能担任新设公司的法定代表人，公司的董事、监事、高级管理人员。

【案例五】 小王想开店，校园附近的孙老板有3间紧挨着的店面，其中一个门面闲置着。后来房东和小王发生了冲突，原因在于小王租房并未经过房东同意，"我们虽然知道孙老板不是房东，只是租用了房东的房子，但我们不知道一定要经过房东的同意才能租房。"

【案例六】 小张的创业项目是学生托管，她用购买的二手房屋做经营场地。但是她签订的房屋买卖合同中的"卖方"主体存在重大问题，合同中的"卖方"是公司，但该房屋实际产权人为该公司法定代表人。

【案例七】 工商局电子商务监督所负责对电子商务企业进行监管，监督所发现一家科技公司网站销售奶粉、辅食等食品。该公司营业执照核准登记的经营范围中并无食品销售，也未取得卫生许可证，故对其依法处罚。

【案例八】 几名大学生一起创业，从事网站建设服务，直到工商执法人员找到他们，他们才知道，从事网站建设服务需要办理电信相关增值服务的许可。

【案例九】 小李与付某共同成立一有限责任公司，各占50%股份，小李为公司法定代表人，付某为公司总经理，在公司章程中对于公司如何运作没有约定。实际经营中因经营理念不同双方发生争执，付某以股权转让的方式退出了公司。

【案例十】 小刘的创业项目是经营广告公司，在为某客户设计的一幅宣传海报中随意用了一个从网站上下载的图片，作为宣传画面的辅助元素。但是被某公司发送了律师函，该公司称小刘公司的设计作品侵犯了该公司的著作权。

【案例十一】 公司接洽第一个楼盘时，作为销售代理商，田某认为在自己接洽的楼盘的围墙外做广告宣传楼盘，既省事又不用花钱。但他并不知道，这还要经过相关部门的审批。随后，有关部门开出了罚单。

【案例十二】 某公司在设计图形商标时加入了美国国旗的星条元素，向商标局提出了商标注册申请，随后使用该商标并进行广告推广。一年后公司收到了《商标驳回通知书》，公司前期付出的推广努力和已经建立起来的品牌效益都付之东流。

【案例十三】 某公司想设计公司 Logo，淘宝网上一家商标设计店铺为其提供了设计图样。公司将该图样向商标局提出了注册申请。一年后他们也收到了《商标驳回通知书》，驳回理由是与先注册的商标近似，原来淘宝的设计店铺是从网上盗来图样供买家挑选。

【案例十四】 余先生想通过融资扩大业务，一家风投公司对余先生的项目询问得很详细，对该项目的评价很高，余先生很感动。在对方提出要考查项目的真实性并按惯例由项目方先预付考查费时，余先生毫无防备之心，可钱寄出去后不久，那家投资公司的电话、投资总监的手机号码却全成了空号。

【案例十五】 某公司想申请一个商标，商标申报不久，公司就收到了代理公司发来的《商标注册申请受理通知书》，并告知他们商标现在可以开始使用了，正式的商标注册证两年以后下发。后来查询后才知通知书是伪造的，注册申请根本没有提交过。

【案例十六】 张某加盟了一家快餐连锁店，开业几个月后，工商执法人员告知张某侵犯了另外一家著名快餐连锁店的商标权。原来他签约中的品牌商标是模仿他人的，只有商标注册受理通知。用受理通知书替代（或冒充）商标注册证的情况在品牌加盟欺诈中很常见。

【案例十七】 张某开设了一家个人独资企业，因进货不慎导致李某中毒。他把店里的全部货物及房产都处理了以赔偿李某的治疗费用，但还差 12 万元。个人独资企业从事工商业活动时，股东承担的是不限于其投资的无限责任。所以，张某还要对后续 12 万的治疗费承担法律责任。

【案例十八】 甲公司与乙公司达成一项供货合同，甲公司按约定履行供货但乙公司却没有按时付款。后双方因业务发生矛盾，甲公司催要乙公司货款，但对方拒绝支付。甲公司无法要回货款，因其主张权利的时间已经过了 2 年的诉讼时效。

【案例十九】 刘姐开了一家小门脸，有个人长期将货铺在刘姐的店里进行赊销，双方合作愉快。一天，这人向刘姐借 20 万元周转，出于信任，刘姐借出钱的时候没有签合同，也没有打借条。后来，对方不认账，拒绝还钱。

【案例二十】 一家网上售卖盗版书的网店被群众举报，随后，警方锁定该案的犯罪嫌疑人苏某，查扣各类书籍一万多本。经鉴定，这些书籍均为非法出版物。苏某被抓后，检方对其批准逮捕并提起公诉，法院一审以侵犯著作权罪判处苏某 3 年有期徒刑，缓刑 4 年。

【案例二十一】 王某工厂的生产污水未经有效处理直接排放进入下水道，被环境保护部门发现。王某涉嫌污染环境罪被检察院批准逮捕，次日由公安机关执行逮捕。公诉机关认为，王某排放有毒物质，严重污染环境，其行为应当以污染环境罪追究其刑事责任。

【案例二十二】 张某辞职另立门户开设公司，在与相识老客户进行业务往来后，却被原老板告上法庭。她找到与她进行交易的老客户出具证明，证明老客户与自己是"自愿交易"，因此洗去了侵犯商业秘密嫌疑得以胜诉。

【案例二十三】 李某看好店面后，他就跟二房东吴某谈好并交了 5 000 元定金，并由吴某给他开了收条。但年后回来，他却发现吴某把房子退交给了房主，拿着定金走掉了。所幸，李某通过网上搜索找到了吴某，要回了自己的钱。

【案例二十四】 小王开了家计算机维修保养服务部和网吧，税务部门发现小王有偷漏税行为。问题出在网吧上，税法中规定，对兼有不同税目的应税行为，应分别核算不同税目的营业额，对未按不同税目分别核算营业额的，从高适用税率。

小王经营的原本属于修理修配业务。在当时，应依 4%的税率向国税部门缴纳增值税，小王后来投资经营的网吧不在国税部门管辖的税种范围内。网吧取得的收入应缴纳营业税，归当地地税部门管理，税率为 20%。

小王的服务部在日常核算中是一笔糊涂账，所以只能按照兼营从高税率的规定。如果当初知道网吧需缴纳营业税的税率是 20%，小王可能会放弃网吧；如果他了解兼营的税法规定，把修理的业务与网吧分别核算，就不会被处罚。

【案例二十五】 李某开了一家专门从事代理业务的公司，他认为金钱交易全在上下家，他只在事成后收取代理费，风险不大。一天，他接到一个电话委托他为该公司"拳头产品"——高分子净化膜的华南地区总代理，随后寄来了详细资料。

李某看其手续齐全，便在专业网站上发布了相关信息，几天后便有了"回音"，广东某养殖户来电说急需 4 000 米高分子净化膜。李某估算这笔交易可赚取几万元的代理费，于是马上与上家联系。上家爽快地答应，但需立即支付货款。

李某通知下家后，对方立即派人送来了上万元的定金，表示实在太忙，让他帮忙先提货，事后加付提货费。李某不想放弃到手的"肥肉"，便帮下家提货并垫付了货款，可第二天下家表示不需要这批货了，而上家的"负责人"怎么也联系不上。

【案例二十六】 王某在网上看到某位有着"高资信度"标志的客商低价批量提供优质黄沙。在确认供货商的"身份"后，他从下家那里预收了 30%的货款，按照网上提供的账号汇了过去，可黄沙却始终不见运到。情急之下他只好亲自前去催货。

到该企业后，王某发现原来与上家同名的企业确实存在，但只做钢铁贸易，不搞建材，而且从未涉足电子商务领域，至于网上的上家企业，是行骗者盗用了该公司的营业执照复印件后虚构的。最后，王某赔偿下家客户几十万元。

【案例二十七】　F 公司是一家规模不大的公司，去年委托某商标代理公司申请了一个商标，今年刚刚拿到商标证。一天，F 公司老板接到一个外地电话，说对 F 公司的商标很感兴趣，想用五万元购买。因为商标在用，F 公司老板没有考虑出售。

过了几天，那人又来电话，说这个商标对他们很重要，可以十万元购买。如果不卖，他们会把所有类别都抢注了，然后告 F 公司侵权。"正巧"原来的商标代理公司打电话过来，询问公司商标的情况，老板赶紧把这件事和代理公司说了。

代理公司说，你们的商标现在价值已经很高，应该进行全类保护，尽快把全部 45 类都申请了，这样别人就不能抢注了。老板想到自己的商标这么值钱，如果更多注册会更值钱，所以就决定再花几万元进行了全类注册申请。

【案例二十八】　某大型食品企业由张某负责运营。该公司推出了一款功能性食品并在该食品上使用了 W 商标。公司投入了巨额的广告宣传费用，一段时间后，张某因与公司大股东不和而辞职。公司发现 W 商标注册在张某名下，无奈只得付给张某一笔费用将 W 商标购买到公司名下。

【案例二十九】　某公司为了在天猫商城开店急需一个商标，于是在一家闲置商标交易网站买下了一个。一段时间后，公司收到了一纸律师函，要求他们停止该商标，理由是该商标根本没有转让过。原来出卖方是专业的商标骗子。

原来，由于天猫商城对注册商标的要求，商标转让一夜间火爆了起来，让商标囤积大户们松了口气，一些诈骗分子直接将他人商标拿来出售，有些骗子甚至查询企业吊销或者注销信息后，按照名单到商标局检索其名下的商标，再伪造公章材料进行转让诈骗。

【案例三十】　有人来到某销售公司要求购买一款进口汽车大灯，但公司并不经营该产品。来人说可以让该公司代为采购，公司于是找销售单位联系进货。销售单位的正品价格比订货方给出的价格高很多，于是建议进副厂件（假冒配件）。

该公司购买了一批副厂件给订货方，货刚提到公司库房就被查获。原来是自己被钓鱼打假了！某些专业打假公司按照打假赔偿数额提成。有的厂家钓鱼打假，是为了在商标确认程序中阻挡对方。有人在被钓鱼过程中，因采购了大量假货被刑事处罚。

【案例三十一】 一名客户需要干洗一套西装，洗衣店出具统一收据："洗衣费 15 元，洗衣中如果发生毁损、遗失，赔偿衣服费用的 2 倍"。后来西装遗失了，洗衣店认为赔偿洗衣费用的 2 倍，即 30 元。客户认为应该赔偿衣服价格的 2 倍，即 6 400 元。

《合同法》第 41 条规定，对格式条款的理解发生争议的，应当按照通常理解予以解释。对格式条款有两种以上解释的，应当做出不利于提供格式条款一方的解释。根据此规定，干洗店需要赔偿 6400 元。

【案例三十二】 范某与王某草拟了一份开店协议，但双方未约定王某提供多少资金，也没有注明是借款还是合伙，协议上也无任何签名。王某通过银行转账给范某 12 万元，该店由范某经营，后因经营不善将店转了出去，结余的钱按照比例分配，还给王某 4 万元。

一年后，范某收到法院传票，原来是李某想要回余下的 8 万元。李某认为，自己给范某打了 12 万元，但对方只返回 4 万元，余下 8 万元属于不当得利。但范某辩称，李某打给自己的钱是投资入股，投资必然有风险。

法院经审理后认为，范某无法律依据或合同上的根据从原告李某处获得 8 万元，已构成不当得利。近日法院判决，范某返回李某 8 万元，并按银行同期贷款利率进行计算支付利息。

【案例三十三】 王某开办一家饭店，并与另外两人签订了一份合伙经营协议，利润分配和亏损承担比例为王某占 51%，另外两人各占 24.5%。饭店经营期间，因资金周转困难等原因，共欠食材供货商赵某货款 43 412 元。

2013 年 5 月 27 日，该饭店注销。赵某遂找老板王某索要货款。王某表示除了他之外，饭店还有两名股东，债务应该由所有股东一起偿还。因王某不予支付欠款，赵刚便把王某告上了法庭。

法院审理后认为，王某虽然是饭店营业执照上登记的业主，但该饭店实际上是王某与他人合伙开的，在合伙经营期间产生的债务，应由合伙人按照出资比例或合伙开店协议约定以各自财产进行清偿，而王某应当承担 51%的还款责任。

【案例三十四】 工商分局工作人员在日常的巡查中，发现某药店销售的保健食品中，有的在外包装上标着"华氏强生"，有的却标着"华氏强森"的字样。工商执法人员以涉嫌侵犯他人注册商标的名义，对经营者王某立案调查。

据查，王某所销售的该保健饮品是从莆田一经销商处购进的；同样的产品之所以有不同的标识标签，是因为该保健饮品之前所使用的商标字样是"华氏强生"，该商标在使用期届满后没有获得国家商标局的续签，故改成"华氏强森"进行注册使用。

经销商通知王某可以更换之前标有"华氏强生"的产品，王某嫌麻烦并未执行。王某因为经营管理的疏懒，被工商部门处以没收侵权物品 104 盒，并罚款 8 600 元的行政处罚。

【案例三十五】 闫某自 2012 年 2 月 26 日起在某公司工作，一个月后未签订劳动合同。5 月 8 日被单位口头通知解除劳动关系。现本人要求被申请人应向申请人支付未签合同期间的两倍工资；并为申请人缴纳各项社会保险；同时应向申请人支付经济补偿金。

《劳动合同法》规定，用人单位自用工之日起超过一个月不满一年未与劳动者订立书面劳动合同的，应当向劳动者每月支付两倍的工资。申请人要求被申请人支付两倍工资的请求法院予以支持。

《天津市城镇企业职工养老保险条例》规定，用人单位应按照职工本人工资为其缴纳养老保险。本案中，因被申请人未按规定为申请人缴纳养老保险，故申请人要求被申请人为其缴纳工作期间的养老保险的请求法院予以支持。

《劳动合同法》的规定，用人单位与劳动者协商一致，可以解除劳动合同，用人单位应按劳动者在本单位工作的年限，每满一年支付一个月工资的标准向劳动者支付经济补偿金。申请人要求被申请人支付经济补偿金的请求法院予以支持。

【案例三十六】 张某通过微信给经销商钟某发去一条要求对方供货的信息，对方回复只要支付 5 万定金即可供货。张某通过网上银行转账的方式支付了定金。后因故钟某不能供货。

张某要求钟某赔偿，被钟某拒绝。按《合同法》，收受定金的一方不履行约定，应当双倍返还定金，即钟某必须向张某赔付 10 万元。

【案例三十七】 李某经营一家面粉厂，一天来了一个自称是当地一家面条厂业务经理的"高某"采购面粉。面粉厂负责送货，高某随送货车到面条厂，卸完货由面条厂经理付款给面粉厂司机。

中午时分，司机打来电话说，面粉卸给了面条厂，但他们却不给钱。高经理也不见了，面条厂说没有高经理这个人，还说货款让面粉厂的吴经理拿走了。但面粉厂根本没有吴经理这个人。

面条厂的陈经理说，一名自称"吴军"的人到他们厂推销面粉。中午时候，"吴军"带车前来送货。卸货至一大半时，"吴军"索要货款，陈经理支付了货款。

"吴军"装好货款后，说要"方便"一下就离开了。面粉卸完后，送货的司机找面条厂索要货款，发现双方都被骗了。李某起诉面条厂，法院判其败诉，原因是起诉对象错了。

面粉厂的起诉对象应该是"高某"，但是面条厂无法提供已经支付货款的凭证，面粉厂也无法提供相应的证明。"这些面粉属于盗赃物，他应该无偿返还给我！"李某说。

法院认为："这些面粉不属于盗赃物。在交易过程中，你的司机作为收款代理人，一直在装卸面粉，即该批面粉一直未脱离你方的控制范围。"

五、创业管理（一）

【案例一】 张某设计手帕，由义乌的一家工厂生产，当地旅游商店代销。除了地图和当地风景，还有游戏系列、玩偶系列、动漫系列、情侣系列手帕等。材质有纯棉布、丝绸、夏布等，并配以漂亮的礼品包装。

【案例二】 张某和几个伙伴研发美容仪器，产品一上市效果很好。他们把仪器、技术、培训打包成项目卖给代理商，代理商再卖给终端消费者。但是代理商在享受公司各种支持的同时，却偷偷跟别人进货。

【案例三】 创业之初，创业者必须深度介入企业管理。张某发明了一套"全自动无人养鸡设备"，为了检测设备的性能，他在养鸡场一呆就是两个月；客户一个电话打过来，他连夜去维修。场地、资金、技术、用工、市场等问题困扰着他，但他却没有精力处理这些管理工作。

【案例四】 李某生产气球，他发现广告公司 1 毛钱进货，以 1 块钱卖给客户。于是他开发出了促销、节庆、婚礼等气球装饰造型，还与球托、彩绳、打气筒等厂家合作，为客户提供系列产品。

【案例五】 张某等人的创业项目使用一张通用的会员卡代替多个单一的会员卡。他们开发软件记录消费者的消费情况、联系方式，这样一来商家掌握消费者的消费习惯后，可以有目的投放促销广告等。

【案例六】 李某发现当地包子行业食品安全问题严重，决心制作让顾客吃得放心的品牌包子。其中鲜肉是关键，他选用双汇冷鲜肉，将肉检报告张贴在包子铺醒目的位置。

【案例七】 奥运后政府政策发生变化，要求降低绿化总量中草坪的比例。王某了解到市场上需要大量冬天也不会枯萎的草坪用于足球场，于是进行产品转型。

【案例八】 张某经营一家小店，顾客经常询问店里没有的东西，于是张某不断进货。很快出现商品种类很多、很杂、很乱的情况，最后因为资金链断裂而倒闭。

【案例九】 张某做电脑配件批发生意，向大企业学习，采取"先亏后赚"的恶性竞争策略，力图打败周边的竞争对手。结果是竞争对手没死，自己却垮了。原因一是定价过低，给零售商造成产品质量差的印象；二是零售商以低价拿到了货物，但是按老的零售价销售；部分零售商按照约定的价格销售反而扰乱了市场秩序。

【案例十】 陈某的一个朋友是某外企的运营总监，在他的帮助下，陈某拿到了该公司的印刷业务。后来这位朋友离职，继任者将业务给了自己的关系户。

【案例十一】 农村青年刘某生产食用菌，起初规模小，租了七八间房，不到半年就小赚了一笔钱。于是他将生产规模扩大，可技术和管理却跟不上，食用菌全部被污染，亏了一万多块。

【案例十二】 张某开了家馒头铺，一天，一个女孩犹豫了很久后离开了，因为她想要小馒头。张某注意到超市卖的小馒头价格很高，而且不是热的；发现女孩子把小馒头当零食吃，于是张某试着做了些小馒头。

张某在自己的店门前挂了一个大大的宣传招贴，宣传新产品"小馒头"。随之又推出了以玉米、高粱、燕麦等粗粮为原料的"粗粮小馒头""奶油小馒头"。

张某在网上搜索后发现韩国烤馒头，无需蒸制，直接用生面加配料烤制，烤出的馒头底部为金黄色、很脆，上部白里透黄，中间为乳白色、很香；他很快推出了"韩国烤馒头"。

传统的店铺使用塑料袋来装包子馒头，而张某别出心裁地用纸袋包装，还印上地址、电话等；此外，他还印制了一批广告宣传单，雇人派发到附近写字楼。

【案例十三】 罗某开了家礼品店，他从网上获得灵感，改造设计出有校园特色的产品。在设计明信片时，他在校园里征集照片，然后发到网上让学生评选。

【案例十四】 汪虎的制衣厂 [2]——汪虎学习服装专业，他认真上专业课，为了磨炼自己，经常去给别人打工，积极组织学生活动提高人际交往能力，多次到朝天门批发市场，观察哪些衣服好卖，谁是主要消费群体。

大一快结束时，汪虎找到了租金合适的厂房，说服家境并不富裕的父母投了 20 万元作为启动资金。他用 10 万元从一所关闭的中职学校买来了几十台缝纫机，又从朝天门添置了必要设备，请来了工人。开始读大二的时候，汪虎开办了一家制衣厂。

作为一家无名小厂，只能做中低档服装，靠走量获取利润。工厂只做 T 恤、棉衣、外套三类服装，并准确定位到中年人的女上装；其款型多模仿别人的畅销款型。汪虎发现，朝天门全是各地来做批发的，于是在朝天门租下一个门面，他会常常到各个商店走走看看，了解一下对手的经营状况，顺便结识一些买家和批发商。很快生意有了起色。

【案例十五】 王某从小就对汽车感兴趣，在 4S 店担任兼职销售时了解到汽车销售价格的秘密。于是打出广告："想买车便宜，来找我咨询。"因为对 4S 销售流程和价格区间熟悉，所以王某决定通过为客户砍价赚取佣金。

【案例十六】 张某在微信朋友圈里发现一段手机视频，视频通过故事的形式，串起了一对情侣从相识、相知到相爱的全过程。视频主角是已经毕业的一位学姐，里面的场景她无比熟悉。

张某意识到了商机，上网查询后发现做这个业务的不多，而这类生意在国外的年轻人中非常流行。单一的视频表达形式稍显单薄，如果加上漫画形式岂不更好？

张某请来了同校的摄影、绘画高手，拍摄了室友和男友的爱情故事，并制作了一本漫画书。产品一经推出大受欢迎。不仅有情侣，也有寝室室友为纪念友情要拍摄的。看到反响这么好，张某开始创业。

【案例十七】 张某在一家公司做业务员，学到了很多技能，还得到了销售部国内市场策划资料。后来，他跳槽到了一家同行小公司担任销售部副经理，按照前一个公司的销售策划布署工作。

【案例十八】 学心理学的张某看到有人在淘宝上出售自己的时间，客户可以让她替自己接人、送咖啡、买火车票、医院陪同输液等。她眼前一亮，何不当个"手机女友"？

---

[2] 改编自：大学毕业生创业 10 个月赚上百万元，重庆日报，2010 年 12 月 15 日。

很快网上出现了"手机女友"广告：早上给你"morning call"，睡觉前跟你道晚安；每天会给你发不少于 10 条的温暖短信。当你烦闷的时候，她愿意成为你的倾听者。

"手机女友"只能存在你电话的另一端，不能与你在现实中相见。手机女友通过微信、QQ、短信联系，由真人扮演。"手机女友"不视频、不见面。很快第一个客户出现了，他抱怨老板是个"周扒皮"。

张某耐心倾听着他的倾诉，并不时地给予安慰和鼓励。聊天结束后，客户说他的心情豁然开朗。本来客户最初只在淘宝上买了 3 天的服务，后来干脆买了 1 个月。

后来因业务不断增长，她又雇了几名女大学生做帮手。互联网催生了"宅人一族"，不少人有了自闭倾向。经过"手机女友"真诚的情感疏导和鼓励，很多"宅男"都走了出去。

"手机女友"有各种性格类型，客户可以"定制女友性格"。但"手机女友"工作很辛苦，要及时回复客户只得整天盯着手机。

【案例十九】 张某开了家理发店，因手艺不精顾客不多。他进入一家知名的美容店打工，关注时尚杂志上的新发型介绍，琢磨发型设计方案，经常参加美容美发交流会等。十年后创办了自己的形象设计中心。

【案例二十】 王某想开家水果坊，为此，她到冰水吧做兼职，还在学校试卖水果。她的小店以鲜榨果蔬及果蔬深加工产品为主，她还根据流行的健康饮食理念，推出了水果拼盘、功效果汁等。

【案例二十一】 丁某喜欢葫芦画，他跟随网上的教学视频学习制作技术。他开发了葫芦雕刻、葫芦彩绘，还根据葫芦的形状，设计了葫芦娃、不倒翁、机器猫等形象，很受欢迎。

【案例二十二】 大学生王某家境贫寒，想到就业的压力，她下决心在上学期间锻炼自己的能力。她加入学生会，每次活动都早来晚走，把每一件小事做好。学院组织趣味辩论赛，她四处拉赞助，收获了宝贵的经验。

【案例二十三】 田某大学时就读房地产经营与管理专业，上学期间，他到一家房地产销售公司当兼职售楼员，学会了各种技能。毕业后，他成立了一家营销策划公司，从事楼盘宣传和销售等代理工作。

【案例二十四】 张某在某公司工作了 4 个月，但是未签订劳动合同。后来张某辞职，并向劳动人事争议委员会申请仲裁，要求该公司支付未订立劳动合同期间两倍工资。他的诉求被支持。

【案例二十五】 张某开了一家美发店，生意勉强维持但问题不断。某大学附近美发店因老板有急事要转手，张某就想盘下来，但后来对方反悔。原先的店又因疏于管理顾客大为减少。

【案例二十六】 何某报名参加了培训班，获得了国家级的人力资源管理师资格证书。在工作中他发现劳务培训和派遣充满着商机，"本身就是穷光蛋，创业失败了，大不了还是穷光蛋!"。

他申请了政府的创业贴息贷款，和当地一家电视台合作了求职类栏目《打工俱乐部》，还与劳动局联合开展了育婴师等职业技能培训项目，推出了"山东大嫂"的劳务品牌。

【案例二十七】 外贸专业毕业的刘某了解到德国的网站上出售孔明灯，不少外国人在圣诞节、新年时也会放飞孔明灯，东南亚还有灯节。于是他建了一个网站，挂上孔明灯的照片和文字以售卖孔明灯。

他经常研究谷歌、百度等搜索引擎及中英文阿里巴巴的交易流程，然后结合产品放入"巧妙"的关键词，以提高海外客户的搜索命中率。对海外客户来说，有时错误关键词也能歪打正着。

很多中国卖家在网上一般只设了一两个关键词，客户必须拼写准确才能找到产品，而他的关键词有一两百个，不仅有英文，还有其他语种。

【案例二十八】 张某和几个同学研发了订餐网络平台，可按需实现个性化功能。例如，顾客输入地址，平台可提供周边饭店列表和可选菜单。为了给网站造势，他们不停地参加各种创业大赛，总共赢得了 45 万元创业奖金。

六、创业管理（二）

【案例一】 O2O 洗衣[3]

吴某大学毕业后和几位志同道合的小伙伴，选定了"O2O 洗衣"。他们发现当前快节

---

[3] 改编自：O2O 干洗店，荆楚网，2015 年 1 月 26 日。

奏的生活中，顾客可能难以抽出时间去洗衣店。

为了深入了解洗衣流程，在埋头开发网站和微信平台的同时，吴某和伙伴们开了一家实体洗衣店，逐一体验流程，倒推验证 O2O 洗衣模式是否行得通。

为了克服此前并无洗涤行业经验的弱点，其中两位女合伙人还特意到其他洗衣店做学徒，掌握洗衣门道。2014 年"双十一"，"居家帮"正式上线。

"居家帮"主打"微信下单、在线支付、免费取送、专业洗衣"，通过发传单等方式吸引附近居民，还承揽附近酒店顾客干洗服务。

移动互联时代"烧钱"补贴是吸引用户的有效方法。干洗羽绒服线下价格在 30～40 元，而"居家帮"则只要 19～25 元，且新用户还可享受"5 元起洗羽绒服"或 10 元红包的优惠。

"居家帮"上线仅两周，日订单已近百。由于团队中多为刚毕业的学生，于是，团队开始将目光投向高校，他们回到母校进行线上推广，并且扩展到其他高校。

"居家帮"注册用户过万，每天订单超 400 单。团队也发展至 25 人，物流、后台开发、衣物整理专员等队伍初具规模，还与两家专业中央洗涤工厂建立战略合作关系。

【案例二】 周峰的微信公众号[4]

周峰到深圳一家公司做程序员，他想找些有兴趣的事做。选择微信公众号，一开始是好玩。2013 年，他以个人名义注册了公众号，并按照自己的喜好，设定一些功能。

在公众号中输入地址，就能搜索到附近的酒店餐馆；输入好友的名字、关键词就能看到他们的照片。身边的人对他这个公众号都很有兴趣，有朋友直接找到他，想一起专职做微信定制开发。

这引起了周峰的注意，让他萌生了以此作为创业项目的想法。创业后的周峰，有时觉得自己更像一个学生。"开公司不光要有专业技术，业务能力也需要学习琢磨。"

网络营销的专业书、成功电商的人物传记成了周峰的案头读物。他说，学习前辈思维能给自己的创业提供很多思路。面对产品，周峰选择瞄准一个方向做到最好，针对行业特征制订适合的产品。

例如，为餐厅的微信公众号增加排号和智能 Wi-Fi 的功能，消费者可以用微信排

---

[4] 改编自：程序员创业，微信公众号定制中玩出商机，楚天金报，2014 年 12 月 16 日。

队，并且只要转发餐厅信息到朋友圈就能免费上网，改变传统叫号模式，同时利于品牌推广。

随着案例的积累，单纯为客户定制开发微信公众号已经不够了。"一些商家有了公众号却不知道怎么利用"。周峰决定引入电商 O2O 模式，推广微信公众号，为客户提供一体化解决方案。

不久前，某大型企业的一个分公司想要定制微信公众号。这单业务赚不了什么钱，但他还是接了下来。他认为以对方的名气，这绝对是难得的大客户。谈成了就是一个示范案例，既能作宣传，也能增加自身底气。另外，模板具有可复制性，一个成功方案也能适用于其他分公司。果然，这家公司的公众号投入使用后，又吸引了 4 家分公司来找周峰谈业务。

【案例三】 蒋永超的烙馍[5]

2000 年，30 多岁的蒋永超从粮食系统下岗。他发现大家都很喜欢吃烙馍，就想到了做烙馍创业。中原地区的人们习惯把烙馍当主食，卖烙馍的小商贩比比皆是。

蒋永超不会做烙馍，他到处拜师学艺，终于练就了一手过硬的烙馍技术。烙馍店开张后，人们很快发现他的烙馍和其他摊的烙馍没啥两样，买的人越来越少。于是他进行了如下改进。

改进产品：有好心的客户给他出主意，说烙馍越薄越好吃。但几位老师傅看了他烙的烙馍，说不可能再薄了。蒋永超就研究出了小菜和烙馍搭配出售的不同组合，营业额一下子增长许多。

开发新品种：小孩嫌烙馍没味不喜欢吃，蒋永超就买了一大堆水果，在家研发水果味烙馍，产品深受孩子们欢迎。尝到创新的甜头后，他又前往各处拜师求艺，开发出了杂粮和蔬菜味的烙馍。

提高生产效率：产品供不应求，还有很多烙馍商贩前来批销他的特色烙馍，蒋永超请来了机械工程师，提出自己的设想，研发成功的烙馍机效率是手工烙馍的 20 倍。该机器还能生产春饼、煎饼、面饼等产品。

改进包装：随着小烙馍走向大市场，很多消费者不清楚如何吃烙馍，甚至有外国人误

---

[5] 改编自：烙馍大王创造财富新神话，腾讯网，2008 年 2 月 6 日。

拿烙馍当餐巾纸。蒋永超便在烙馍袋印上了食用说明，还给自己的产品注册了商标：口福香烙馍。

【案例四】　袁某的小龙虾餐馆

做了 7 年市场推广后，成都人袁某厌倦了给别人打工，决定开一家小龙虾餐馆，其生产管理主要涉及以下内容。

选址：袁某把成都所有的餐饮集中片区都考察了一遍，同时也在网上不断寻找商铺信息。经历了痛苦的煎熬后，他偶然发现一条农家乐风格的美食街，经过反复考察和论证，最终选址于此。

创新产品：开张后仅仅半个月，餐厅火速蹿红，奥妙在于产品创新。袁某结合江苏和湖北的小龙虾做法，融入川味的调味手法，创造出了全新的小龙虾做法，让小龙虾更加麻辣鲜香、浓香味厚。

不断创新产品：小龙虾是季节性非常强的餐饮类型，入秋之后肉质会下降。餐饮业也需不断创新菜品才能生存。袁某不断推出新的菜品，如麻辣大闸蟹的全新吃法，引进地道的丽江腊排骨火锅等。

细节管理：生产管理是一项很复杂的系统工程，袁某十分注重细节，如装修格调的选择、菜品的创新和定位、原材料的采购、厨师的选择和操作的规范等。

【案例五】　余洪科养蚕[6]

四川省宁南县是传统养蚕大县，几乎家家户户都养蚕，但由于条件限制，很少有人家大规模养蚕。余洪科在外打工 5 年，学到了先进的生产管理经验。

2008 年底，他发现因为劳动力外流导致部分桑园和蚕房废弃闲置，于是搞起大规模蚕养殖。当年养蚕 80 多张，是当地普通养蚕家庭总数的 2～3 倍，因而一跃成为当地养蚕大户并收获了第一桶金。

尝到甜头后，他扩大生产规模，同时，他购买和租赁养蚕机械，把纯手工劳作变为半自动化生产。余洪科家中养蚕规模大，且桑地、蚕房分散，雇佣的工人也多。

曾在大型服装厂打工的余洪科"拿"来了厂里的管理模式——流水线生产、计件付报酬。他把工人分为几个小组，每个小组负责一个片区，小组中又采用流水线生产方式，每

---

[6] 改编自：农村小伙返乡创业成养蚕"牛人"，四川日报，2013 年 11 月 20 日。

人负责不同的劳动环节。

这样的管理模式一方面节约了大量时间，另一方面明确了责任保证了生产质量。由于按件付酬，工人积极性也提升不少。如今，村里不少人开始学起余洪科的生产模式，走上养蚕致富路。

【案例六】　ATM机保洁 [7]

陈莹的创业项目是ATM机保洁。为了探究ATM机的最佳清洁方法，陈莹上网搜索、购买了各种去污产品进行试验，她还向高校的化学老师和有经验的专业人士请教。

她的ATM机清洁产品通过了北京市技术监督局的安全检测。清洁ATM机，不仅要给存取款机做保洁和消毒，还要清洁周边环境，用铲刀去掉上面的口香糖胶渍和小广告，然后喷洒消毒液和空气清新剂。

这些存取款机看上去光洁如新，但是经过卫生部门检测发现，银行卡插槽、键盘缝隙等仍有细菌存在。陈莹的团队总结出了一套更科学的清洗流程，并增加了专用清洁工具。

除玻璃刮刀、尘推、去胶剂、小广告铲刀和百洁布外，陈莹还从美国邮购了一批专门用于清洁细小缝隙和插卡槽的新型工具。另外，为ATM机做完保洁和消毒处理后，该团队还在键盘上覆盖从英国进口的专用抗菌涂层。

再次检测后，ATM机完全符合卫生部制定的《公共场所用品卫生标准》。陈莹的公司很快扩展了市场，她还新成立了一家化工制品公司，开始专门研制和生产专门针对ATM机、计算机、电梯等产品的清洁剂和消毒液。

【案例七】　明鼎包子 [8]

魏某开了一家包子店，为了研发包子生产秘方，他品尝各地包子口味，潜心研究，仅仅和面这个环节就进行了无数次试验，最终的产品不仅能保证汤料不会渗到面皮当中，而且又能确保其新鲜和营养。

用于包子馅料的蔬菜和肉类食品等也经过严格的采购，全方位确保了包子的质量。经过上百次实验，并邀请上千位市民免费品尝，最终确保了包子独一无二的口感，以及营养

---

[7] 资料来源：http://www.myoic.com/story/detail/201212/231451_1.html，2015 年 4 月 12 日登录。
[8] 资料来源：http://www.zhichang365.com/2014/cy_0912/18098.html，2015 年 4 月 13 日登录。

均衡的配料比例。

凭借着独特的口味、合理的价格和热情周到的服务，魏某第 1 年就获利近 10 万元。第 2 年陆续新开了 5 家包子铺，并起名为"明鼎包子"。凭借着好的质量和口碑，他的包子铺生意非常红火。

生意红火后，魏某采取直营店和加盟的方式扩张。他收取较低的加盟费，并为加盟商提供上门选址及开业指导。他对各地所有分店统一供应配方调料，对肉菜面招标指定供货商，并定期抽查。

魏某还规定，一旦发现加盟店主采购非指定原材料，员工都可以向总部举报，并获得奖金鼓励。几年时间里，他发展了 300 多家连锁店，开了 100 多个分店。"明鼎大包"被评为"山东地方特色名吃"。

【案例八】　王某承包食堂

王某听一位老乡说其所在的工厂伙食较差，工人们经常投诉，老板也很头疼。老板也曾经想把厂里食堂承包给外边专门做饮食生意的人做。

由于食堂的特殊性，众口难调，要让每一名工人满意是不可能的事，所以一直没人敢接手。王某想如果把这家工厂的食堂承包下来，把饮食搞卫生一点，利润看薄一点，一定是一条生财之道。

于是王某把先前的一点积蓄全部拿出来，去注册了一家主要从事餐饮经营和管理的公司。公司是注册了，但业务开展并不顺利。当她正陷入绝望之际，一名老乡给她介绍了一笔业务。

王某抓住了这个来之不易的机会，用心做好了第一笔业务。当她了解到这个企业大多数工人来自四川和湖南时，她专程从四川和湖南请来了川菜厨师。

为了发展，创业之初很长一段时间几乎零利润运营。工厂的老板满意了，王某的膳食管理公司在当地也有了名气。她先后和近十家企业签订了膳食管理合同，公司开始赢利。

【案例九】　姚涛的小鱼小虾生意[9]

安徽农民姚涛听说村里很多人在舟山市打工挣钱，也到舟山渔场当装卸工养家糊口。

---

[9] 改编自：海边捡小鱼小虾捡出个千万富翁，www.xiaogushi.com。

他发现舟山渔场码头的冷库都进行鱼的初级加工，产生了大量的鱼垃圾。

冷库需雇人清理鱼垃圾，还要支付环卫部门垃圾处理费。姚涛发现那些被随意丢弃的鱼垃圾是一条生财之道，于是把捡拾的小鱼小虾进行分类，然后卖给鱼粉厂。

姚涛找来几个老乡，无偿清理自己打工的这家冷库的鱼垃圾。他惊喜地发现，将这些垃圾运到鱼粉厂出售，扣除运输和人工费后，清理一个冷库能赚 300 多元。

姚涛无偿清理鱼垃圾的事情一传开，那些码头的冷库老板们觉得，让他清理鱼垃圾可以节省一大笔开支，于是纷纷找到他。随着清理量加大，姚涛又动员了更多老乡，租来更多货车，拉走这些垃圾。

正当姚涛的人生出现转机时，他的弟弟却因在清理冷库垃圾时，与人发生口角被人砍成重伤。他拿出了好不容易赚的 10 万元，才保住了弟弟性命。弟弟刚刚伤愈，父亲又身患胃癌。

父亲病逝后，姚涛又欠了 5 000 元债。无路可走的他找人借了 3 000 元继续经营，但他很快再次遭遇厄运，运货途中农用车掉进了大海，妻子身受重伤。

姚涛遭遇接二连三的打击后，陷入了绝境。不得已他又开始了打工生涯，他和妻子不分昼夜地忙碌，终于靠着在冷库打工和销售捡来的鱼垃圾，艰难地赚了 20 多万元。

有了一定基础后，姚涛租了一个 10 平米的门面，开了一家海产品收购门市部。业务逐渐扩大，他开始大规模向冷库和渔民收集鱼垃圾和小杂鱼。

当地商人陈玉龙因开发研制东海渔区混合低值小杂鱼，生产出鱼糜而名扬海外。他发现了姚涛收购的杂鱼非常适合做他们的原料，于是开始了和姚涛的合作。姚涛的业务因此急速扩张。

创业训练记录

一、破冰与组建团队

分别就"我最难忘的创新创业经历""我心中的梦想""我的特长"等问题提问，要求全班同学轮流回答。

要求：

1．安排两个同学做记录。

2．兴趣相投的同学组成一组，其他同学单独组成团队或加入其他团队。

3．每个团队选出总经理一名、确定团队 Logo（建议：用计算机绘制 Logo，以便应用于期末答辩）。

二、确定训练项目与行动计划

确定训练项目，用思维导图、图表等形式绘制出训练项目行动路径。

三、市场调查

市场调查方法包括观察法、实验法、询问法等。通常情况下，为使调查结果更加贴近市场真实状况，建议使用 2～3 种方法进行调查。在此列出以下几种市场调查方法，以供参考。

1．观察法，到现场去实际考察。

2．实验法，直接将新产品投入市场去尝试营销。

3．询问法，用调查问卷、电话询问、直接提问等方式，对被调查人做直观的调查。

4．情况推测，根据以往的经验对自己的企业或产品做一个估计和比较。

5．网上搜索资料。

学生选择调查方法后，至少设置 3 个调查问题，通过选择调查对象进行市场调查，最终得出调查结论，并将调查过程填至表格中。

（一）调查方法 1

调查问题	调查对象	调查结论
1		
2		
3	（一）调查方法 1	

（二）调查方法 2

调查问题	调查对象	调查结论
1		
2		
3		

（三）调查方法 3

调查问题	调查对象	调查结论
1		
2		
3		

四、团队维系训练

　　每个团队选择一个团队维系中的关键问题，以演出小短剧等形式表现关键知识点。

　　团队维系中的关键问题包括：利益分配机制、团队分工与合作机制、需要调整的心态、沟通机制和团队文化建设。每一组围绕上述关键点讨论，并记录要点。

五、市场营销组合确定

产品：

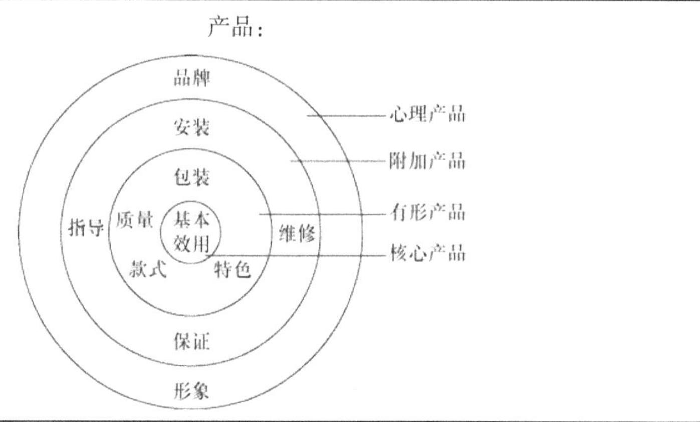

价格：

促销：

渠道：

六、校园展示与售卖

简单记录，包括时间、地点及自己的心得与感受。

七、市场推广

名称	沟通过程	对方反馈

八、项目 SWOT 分析

SWOT（优势，strengths；劣势，weakness；机会，opportunities；威胁，threats）分析，是指通过分析创业组织面临的优势和劣势、机会与威胁，对拟选择的创业项目进行甄别。优势和劣势分析着眼于创业组织自身的实力及其与竞争对手的比较，而机会和威胁分析则将注意力放在外部环境的变化及对创业组织可能产生的影响上。

如果是为企业、政府机构等设计的项目，分析需从对方角度进行。

九、PEST 分析

在进行 SWOT 分析时，机会与威胁（外部环境）可借鉴 PEST 分析模型，从政治因素（political）、经济因素（economic）、社会因素（social）和技术因素（technology）4 个方面进行。

如果是为企业、政府机构等设计的项目，分析需从对方角度进行。

十、波特五力模型分析

拟选择的创业项目所处行业的企业竞争格局及该行业与其他行业之间的关系可借鉴波特五力模型进行。这 5 种力量综合起来影响着产业的盈利能力。

如果是为企业、政府机构等设计的项目，分析需从对方角度进行。

一、摘要

项目名称	
项目简介	
训练过程简介	
本训练项目可否成为创业项目？解释原因	

二、启动资金

（一）启动资金需求

类别/项目		金额（元）	备注
固定资产购置	生产工具和设备		
	办公家具、电子设备		
	店铺/厂房		
	交通工具		
	其他费用		
开办费	市场调查费		
	支付连锁加盟费用		
	其他费用		
流动资金	原材料/商品采购		
	场地租金		
	员工薪酬		
	办公用品及耗材		
	水、电、交通差旅费		
	其他费用		
	现金备用		
启动资金总计			

注：以 6 个月计算。

（二）启动资金来源

单位：元

筹资渠道	金额	占投资总额比例
自有资金		％
私人拆借		％
银行贷款		％
政府支持		％
总计		100％

三、团队与组织结构

（一）组织架构

三、团队与组织结构

（一）组织架构

（二）团队成员工作分工

姓名	岗位及职责描述
姓名	岗位及职责描述

四、客户细分

谁是我们的客户？为什么这些人是我们的客户？	
谁是我们最重要的客户？ 为什么这些人是我们最重要的客户？	

五、价值主张

我们可以帮助客户解决哪些难题？	
我们可以为客户提供哪些产品和服务？	

六、渠道通路

通过哪些渠道可以接触客户？	
如何接触客户？	
哪些渠道成本低、效益好？	

七、客户关系

客户希望我们与之建立和保持何种关系?	
建立和维系这些关系的成本如何?	

八、核心资源

我们具有哪些优势?	
我们的客户关系需要什么资源?	

九、关键业务

为客户解决难题需要哪些关键业务?	
我们的客户需要哪些关键业务?	

十、重要伙伴

谁是我们的重要伙伴?	
谁是我们的重要供应商?	
合作伙伴都执行哪些关键业务?	

十一、成本结构

项目	各项成本占总成本的比重（%）	最重要的固有成本有哪些?
人力		
原材料		哪些核心资源花费最多?
渠道建设		
技术研发或购买设备		
场地租金		哪些关键业务花费最多?
其他（详细说明）		

注：根据实际训练的项目进行预测。

十二、收入来源

什么样的产品和服务客户愿意付费？	
客户付费购买什么？	
他们目前是如何支付费用的？	
他们更愿意如何支付费用？	
每项收入来源占总收入的比例是多少？	

十三、商业模式画布

重要伙伴	关键业务	价值主张	客户关系	客户细分
	核心资源		渠道通路	

成本结构	收入来源

十四、风险及其控制

	风险内容	防范措施
团队风险		
财务风险		
运营风险		
环境风险		
其他可能风险		

十五、财务计划

（一）现金收支预算

现金收支预算   单位：元

季度	1	2	3	4	全年	
期初现金余额						
加：销售现金收入						
现金收入合计						
减：现金支出						
直接材料						
直接人工						
制造费用						
销售费用						
管理费用						
所得税						
设备购置						
*长期贷款利息						
投资者利润						
合计						
现金余缺						
筹资与运用						
银行短期借款						
偿还银行借款						
*支付借款利息						
期末现金余额						

注：*可根据支付长期贷款和短期借款利息的分季合计数编制财务费用预算。

（二）预计利润表

预计利润表

201　年度　　　　　　　　　　　　　　　　　　　　　单位：元

项目金额	
销售收入	
减：产品销售成本（变动成本）	
变动性销售费用	
贡献边际	
减：固定性制造费用	
固定性销售费用	
管理费用	
财务费用	
利润总额	
减：所得税（33%）	
净利润	

（三）预计资产负债表

预计资产负债表

201　年　月　日　　　　　　　　　　　　　　　　　　单位：元

项目	期初	期末
资产		
流动资产		
货币资金		
应收账款		
存货		
其他		
流动资产合计		

续表

项目	期初	期末
固定资产		
固定资产原价		
减：累计折旧		
固定资产净值		
固定资产合计		
无形资产及递延资产		
无形资产		
无形资产及递延资产合计		
长期资产合计		
资产合计		
负债及所有者权益		
流动负债		
应付账款		
应付利润		
应付福利费		
流动负债合计		
长期负债		
长期借款		
长期负债合计		
负债合计		
所有者权益		
实收资本		
资本公积		
盈余公积		
未分配利润		
所有者权益合计		
负债及所有者权益合计		

续表

附录　　　　　　　　　　　　　　出勤记录与计分表

班级　　　　　　　　　　　　　　专业　　　　　　　　　　　　　上课时间

姓名	第一周	第二周	第三周	第四周	第五周	第六周	第七周	第八周	宣传网页	训练作品	训练记录	总结与答辩	附加分	总分